职业教育
数字媒体应用人才培养系列教材

边做边学
3ds Max
室内效果图设计案例教程

3ds Max 2014 | **微课版**

芮桃明 陈雅萍 李静 / 主编

陈艳 邢爱香 / 副主编

人民邮电出版社
北 京

图书在版编目（CIP）数据

3ds Max室内效果图设计案例教程 : 3ds Max 2014 : 微课版 / 芮桃明，陈雅萍，李静主编. -- 北京 : 人民邮电出版社，2022.8
（边做边学）
职业教育数字媒体应用人才培养系列教材
ISBN 978-7-115-59264-4

Ⅰ. ①3… Ⅱ. ①芮… ②陈… ③李… Ⅲ. ①室内装饰设计－计算机辅助设计－三维动画软件－职业教育－教材 Ⅳ. ①TU238.2-39

中国版本图书馆CIP数据核字(2022)第077872号

内 容 提 要

本书全面、系统地介绍 3ds Max 2014 的软件操作方法和室内效果图制作技巧，内容包括初识 3ds Max 2014、几何体的创建、二维图形的创建、三维模型的创建、复合对象的创建、几何体的形体变化、材质和纹理贴图、摄影机和灯光的应用、渲染与特效、综合设计实训等。

本书的内容讲解以体现"边做边学"的教学理念为核心，让学生在制作案例的过程中熟悉、掌握软件操作方法。书中还加入了案例的设计思路等分析内容，为学生今后走上工作岗位打下基础。本书还提供书中所有案例的素材及效果文件，便于教师授课、学生练习。

本书可作为职业院校平面设计专业及其他设计专业相关课程的教材，也可作为自学人员的参考用书。

- ◆ 主　　编　芮桃明　陈雅萍　李　静
　　副 主 编　陈　艳　邢爱香
　　责任编辑　马　媛
　　责任印制　王　郁　焦志炜
- ◆ 人民邮电出版社出版发行　　北京市丰台区成寿寺路 11 号
　　邮编　100164　电子邮件　315@ptpress.com.cn
　　网址　https://www.ptpress.com.cn
　　大厂回族自治县聚鑫印刷有限责任公司印刷
- ◆ 开本：787×1092　1/16
　　印张：13.75　　　　　　　　2022 年 8 月第 1 版
　　字数：343 千字　　　　　　2022 年 8 月河北第 1 次印刷

定价：49.80 元

读者服务热线：**(010)81055256**　印装质量热线：**(010)81055316**
反盗版热线：**(010)81055315**
广告经营许可证：京东市监广登字 20170147 号

　　3ds Max 是由 Discreet 公司（后被 Autodesk 公司收购）开发的三维设计软件。它功能强大、易学易用，深受国内外建筑设计人员和动画制作人员的喜爱，已经成为这些领域中应用非常广泛的软件之一。为了帮助教师全面、系统地讲授这门课程，使学生能够熟练地使用 3ds Max 进行室内效果图的设计制作，我们组织多位长期在职业院校从事 3ds Max 教学的教师和专业装饰设计公司经验丰富的设计师合作，共同编写了本书。

　　根据目前职业院校的教学方向和教学特色，我们对本书的编写体系做了精心的设计。本书大部分章节按照"课堂学习目标—案例分析—设计思路—操作步骤—相关工具—实战演练"这一思路编写，力求通过案例分析使学生快速熟悉设计思路，通过软件相关功能解析使学生深入学习软件功能和制作方法，通过实战演练和综合演练拓展学生的实际应用能力。在内容编写方面，本书力求细致全面、重点突出；在文字叙述方面，本书注意言简意赅、通俗易懂；在案例选取方面，本书强调案例的针对性和实用性。

　　本书还有以优秀传统文化为核心设计的案例，让学生在学习过程中多了解优秀传统文化，增强民族自信。

章	案例名称	优秀文化体现
第 3 章	中式画框	传统园林建筑 – 传统中式画框
第 3 章	扇形画框	传统园林建筑 – 扇形窗花格
第 5 章	哑铃	健康向上、不懈奋斗的体育竞技精神
第 6 章	金元宝	传统货币 – 金元宝
第 6 章	创建花瓶	中华瓷器主流产品 – 青花瓷
第 8 章	静物——杠铃	体育竞技精神、爱国主义精神

　　本书配套云盘包含书中所有案例的素材及效果文件。另外，为方便教师教学，本书配备详尽的课堂实战演练和课后综合演练的操作步骤文稿、PPT 课件、教学大纲，附送商业实训案例文件等丰富的教学资源，任课教师可登录人邮教育社区（www.ryjiaoyu.com）免费下载使用。本书的参考学时为 72 学时，各章的参考学时参见下面的学时分配表。

章	课程内容	学时分配
第 1 章	初识 3ds Max 2014	6
第 2 章	几何体的创建	6
第 3 章	二维图形的创建	6
第 4 章	三维模型的创建	10
第 5 章	复合对象的创建	6
第 6 章	几何体的形体变化	6
第 7 章	材质和纹理贴图	8
第 8 章	摄影机和灯光的应用	6
第 9 章	渲染与特效	10
第 10 章	综合设计实训	8
学 时 总 计		72

本书由芮桃明、陈雅萍、李静任主编，陈艳、邢爱香任副主编，参与编写的还有何思洋、张娟娟、阿布都卡哈尔·米塔里甫。

由于编者水平有限，书中难免存在不妥之处，敬请广大读者批评指正。

编 者

2022 年 1 月

目录 C O N T E N T S

C O N T E N T S 目录

目录 C O N T E N T S

目录 C O N T E N T S

目录 C O N T E N T S

01 第1章
初识 3ds Max 2014

3ds Max 是 Discreet 公司开发的非常优秀的三维动画渲染和制作软件，广泛应用于建筑设计、工业造型、影视广告、游戏动画等多个领域。

本章介绍 3ds Max 2014 中文版在室内设计中的重要地位，3ds Max 2014 的操作界面、坐标系统，以及对象的选择方式、对象的变换和复制、捕捉工具、对齐工具、撤销和重做命令、对象的轴心控制等 3ds Max 中的常用基本操作、工具和命令。

课堂学习目标

- ✓ 了解室内设计对现实生活的重要性
- ✓ 了解 3ds Max 2014 的操作界面
- ✓ 掌握 3ds Max 2014 的坐标系统
- ✓ 熟练掌握 3ds Max 2014 常用工具的用法

知识目标

- ✳ 了解 3ds Max 室内设计的概述
- ✳ 了解 3ds Max 操作界面组成
- ✳ 熟悉物体的选择、变换和复制工具
- ✳ 熟悉捕捉和对齐工具
- ✳ 了解撤销、重做命令和物体的轴心控制命令

能力目标

- ◎ 熟悉软件的基本操作
- ◎ 掌握对物体的选择、变换和复制
- ◎ 掌握捕捉和对齐工具的使用方法
- ◎ 掌握物体的轴心控制方法

素养目标

- ✦ 培养对软件操作的熟悉度

1.1 3ds Max 2014 室内设计概述

人们的绝大部分时间是在室内度过的，优美、舒适、安全的室内环境，会提高人们的生活及工作质量，因此室内环境的设计很重要。图 1-1 所示为室内设计效果图。

图 1-1

1. 室内设计综述

室内设计是指根据建筑物的使用性质、所处环境和相应标准，运用物质技术手段和建筑设计原理，创造功能合理、舒适、优美、能满足人们物质和精神生活需要的室内环境。这一空间环境既具有使用价值，能够满足相应的功能需求，又融合了历史文化、建筑风格、环境气氛等精神因素。应明确地把"创造满足人们物质和精神生活需要的室内环境"作为室内设计的目的。现代室内设计是综合的室内环境设计，既包括视觉环境和工程技术方面的内容，也包括声、光、热等物理环境，以及氛围、意境等心理环境和文化内涵等内容。

2. 室内建模的注意事项

在 3ds Max 2014 中建模时需要注意以下几点。

（1）做简模

尽量模仿游戏场景的建模方法，但不推荐直接使用效果图的模型。计算机中的每一帧画面都是靠显卡和 CPU 实时计算出来的，如果模型面数太多，会导致计算机运行速度急剧降低，甚至无法运行。模型面数过多，还会导致文件增大，在网络上发布和下载的时间也会增加。

（2）少用长条形

在调用模型或创建模型时，尽量保证模型的三角网格面为等边三角形，不要出现长条形。这是因为长条形的面不利于实时渲染，还会出现锯齿、纹理模糊等现象，如图 1-2 所示。

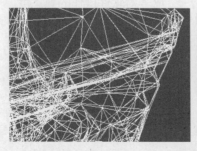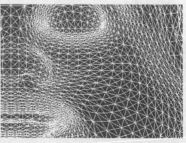

图 1-2

（3）复杂模型用贴图来表现

复杂物体的模型可以像游戏场景一样，利用贴图的方式来表现，其效果非常细腻，真实感也很强，如图 1-3 所示。

图1-3

（4）重新制作简模比修改精模的效果更好

在实际工作中，重新创建简模一般比在精模基础上进行修改的速度快，因此推荐尽可能地新建简模。例如，从模型库调用的一个沙发模型，其扶手模型的面数为 440，而重新建立一个相同尺寸规格的简模的面数为 204，且制作方法相当简单，速度也很快，如图 1-4 所示。

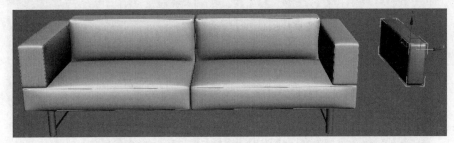

图1-4

（5）使用同一材质样本球

相同材质的模型，尽量使用同一材质样本球，这样便于管理材质。

（6）删除看不到的面

在建立模型时，看不见的地方不用建模，这主要是为了提高贴图的利用率，删除看不到的面，降低整个场景的面数，可以提高计算机的运行速度。

3．设计步骤

（1）设计准备阶段

设计准备阶段主要是实地考察、量房以及与客户交流。

（2）方案设计阶段

方案设计阶段通常是在与客户交流后，在充分理解客户要求的基础上，手绘草图或构思出大致的设计方案。

（3）施工图设计阶段

施工图设计阶段主要是绘制 CAD 图，将 CAD 图导入 3ds Max 中，将构思的方案在 3ds Max 中充分体现出来，渲染出图。

（4）设计施工阶段

1.2　3ds Max 2014 的操作界面

1.2.1　【操作目的】

使用 3ds Max 2014 设计效果图，了解 3ds Max 2014 操作界面各个部分的功能及使用方法。

1.2.2　【操作步骤】

双击桌面上的 图标启动 3ds Max 2014，打开其操作界面。

3ds Max 2014 的操作界面如图 1-5 所示。

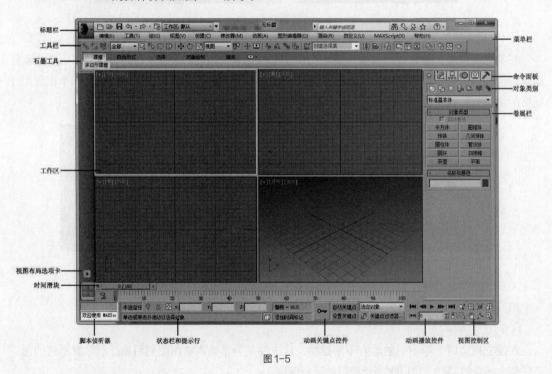

图 1-5

1.2.3　【相关工具】

下面主要介绍常用的几个工具。

1．标题栏

标题栏包括应用程序按钮、快速访问工具栏和信息中心。

（1）应用程序按钮

单击应用程序按钮可展开应用程序菜单，其中提供了文件管理命令，如图 1-6 所示。应用程序菜单与以前版本中的"文件"菜单相同。

应用程序菜单中各命令的功能如下。

新建：选择"新建"命令，在弹出的子菜单中可以选择"新建全部""保留对象""保留对象和层次"等命令。

重置：使用"重置"命令可以清除所有数据并重置 3ds Max 设置（视口配置、捕捉设置、材质编辑器和背景图像等）；"重置"命令不仅可以还原并启动默认设置（保存在 maxstart.max 文件中），还可以移除当前会话期间所做的任何自定义设置。

打开：使用该命令后，可以在弹出的子菜单中选择打开的文件类型。

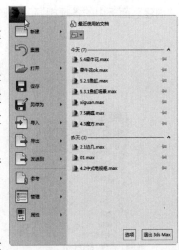

图 1-6

保存：使用该命令可保存当前场景。

另存为：使用该命令可另存当前场景。

导入：使用该命令可以在弹出的子菜单中选择以导入、合并或替换的方式导入场景。

导出：使用该命令可以在弹出的子菜单中选择"直接导出""导出选定对象""导出 DWF 文件"等命令。

发送到：使用该命令可以将制作的场景模型发送到其他相关的软件中，如 Maya、Softimage、MotionBulider、Mudbox、AIM。

参考：在子菜单中选择相应的命令以设置场景中的参考模式。

管理：子菜单中包括设置项目文件夹和资源追踪等命令。

属性：使用该命令可以访问文件属性和摘要信息。

（2）快速访问工具栏

在该工具栏中，可以快速执行新建、打开、保存、撤销、恢复等操作。

（3）信息中心

在该工具栏中，可以执行按照关键字搜索等操作。

2．菜单栏

菜单栏位于标题栏下面，如图 1-7 所示。每个菜单的名称表明了该菜单中命令的用途。单击菜单名，在弹出的下拉菜单中会列出很多命令。

| 编辑(E) | 工具(T) | 组(G) | 视图(V) | 创建(C) | 修改器(M) | 动画(A) | 图形编辑器(D) | 渲染(R) | 自定义(U) | MAXScript(X) | 帮助(H) |

图 1-7

"编辑"菜单："编辑"菜单包含在场景中选择和编辑对象的命令，如"撤销""重做""暂存""取回""删除""克隆""移动"等命令，如图 1-8 所示。

"工具"菜单：利用"工具"菜单可以更改或管理对象，从图 1-9 所示的下拉菜单中可以看到常用的工具和命令。

"组"菜单：该菜单包含将场景中的对象组合和解组的命令，如图 1-10 所示。可以将多个对象组合为一个组对象，为组对象命名，然后将其作为整体进行处理。

"视图"菜单：该菜单包含设置和控制视口的命令，如图 1-11 所示。单击视口标签中的视图名称也可以访问该菜单中的某些命令，如图 1-12 所示。

"创建"菜单：该菜单提供了创建几何体、灯光、摄影机和辅助对象的命令，它包含的子菜单与

"创建"面板中的各项相同,如图 1-13 所示。

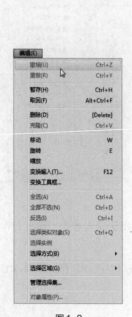

图 1-8

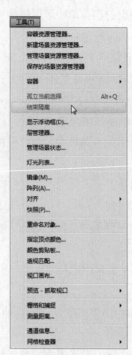

图 1-9

图 1-10

图 1-11

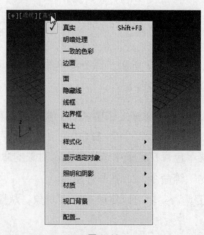

图 1-12

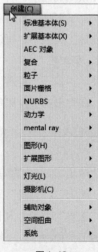

图 1-13

"修改器"菜单:该菜单提供了快速应用常用修改器的命令,其中子菜单各命令的可用性取决于当前选择,如图 1-14 所示。

"动画"菜单:该菜单提供有关动画、约束、控制器和反向运动学解算器的命令,还提供自定义属性和参数关联控件,以及用于创建、查看和重命名动画预览的控件,如图 1-15 所示。

"图形编辑器"菜单：使用该菜单可以访问管理场景及其层次和动画的图形子窗口，如图 1-16 所示。

"渲染"菜单：该菜单包含渲染场景、设置环境和渲染效果、使用视频特效合成场景及访问 RAM 播放器的命令，如图 1-17 所示。

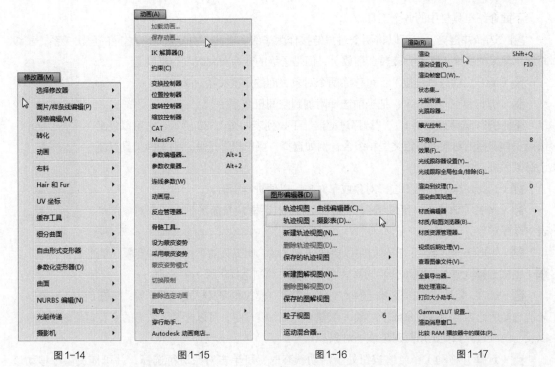

| 图 1-14 | 图 1-15 | 图 1-16 | 图 1-17 |

"自定义"菜单：该菜单包含自定义 3ds Max 用户界面的命令，如图 1-18 所示。

"MAXScript"菜单：该菜单包含处理脚本的命令，这些脚本是使用软件内置脚本语言 MAXScript 创建的，如图 1-19 所示。

"帮助"菜单：通过该菜单可以访问 3ds Max 联机参考系统，如图 1-20 所示；选择"欢迎屏幕"命令则会显示第一次运行 3ds Max 时，在默认情况下打开的"欢迎使用屏幕"对话框。

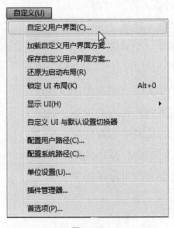

| 图 1-18 | 图 1-19 | 图 1-20 |

3．工具栏

在工具栏中，可以快速访问 3ds Max 中很多常见的工具和对话框，如图 1-21 所示。

图 1-21

下面介绍工具栏中的各个工具。

（选择并链接）：可以将两个对象链接作为子级和父级，并定义它们之间的层次关系；子级将继承父级的变换（移动、旋转、缩放），但是子级的变换对父级没有影响。

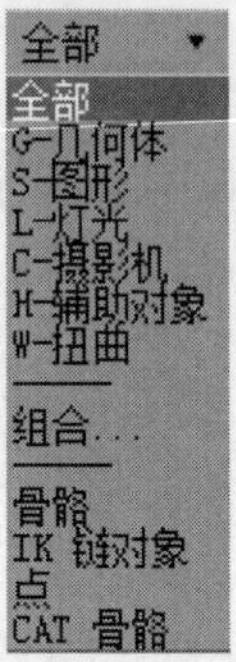

（断开当前选择链接）：可移除两个对象之间的层次关系。

（绑定到空间扭曲）：把当前选择附加到空间扭曲。

全部 ▼（选择过滤器）：“选择过滤器”下拉列表如图 1-22 所示，它可以限制选择工具选择的对象的特定类型和组合；例如选择“摄影机”选项，则选择工具只能选择摄影机。

（选择对象）：用于选择对象或子对象，以便进行操作。

（按名称选择）：可以结合“选择对象”对话框从当前场景中所有对象的列表中选择对象。

图 1-22

（矩形选择区域）：在视口中以矩形框选区域，此工具的下拉列表中有（圆形选择区域）、（围栏选择区域）、（套索选择区域）、（绘制选择区域）等选项。

（窗口、交叉）：在按区域选择时，可以在窗口模式和交叉模式之间切换；在（窗口）模式中，只能选择所选内容中的对象或子对象；在（交叉）模式中，可以选择区域内的所有对象或子对象，以及与区域边界相交的所有对象或子对象。

（选择并移动）：当该按钮处于活动状态时，可单击对象进行选择，并可拖曳鼠标移动该对象。

（选择并旋转）：当该按钮处于活动状态时，可单击对象进行选择，并可拖曳鼠标旋转该对象。

（选择并均匀缩放）：使用（选择并均匀缩放）按钮，可以沿 3 个轴以相同量缩放对象，同时保持对象的原始比例；使用（选择并非均匀缩放）按钮可以根据活动轴约束以非均匀方式缩放对象；使用（选择并挤压）按钮可以根据活动轴约束来缩放对象。

视图 ▼（参考坐标系）：使用参考坐标系，可以指定对象变换（移动、旋转和缩放）所用的坐标系，该下拉列表中包括“视图”“屏幕”“世界”“父对象”“局部”“万向”“栅格”“工作”“拾取”选项，如图 1-23 所示。

（使用轴点中心）：（使用轴点中心）按钮的下拉列表提供确定缩放和旋转操作几何中心的 3 种方法；使用（使用轴点中心）按钮可以围绕其各自的轴点旋转或缩放对象；使用（使用选择中心）按钮可以围绕其共同的几何中心旋转或缩放对象，如果变换多个对象，该软件会计算所有对象的平均几何中心，并将此几何中心作为变换中心；使用（使用变换坐标中心）按钮可以围绕当前坐标系的中心旋转或缩放对象。

图 1-23

（选择并操纵）：使用该按钮可以在视口中拖曳"操纵器"，设置某些对象、修改器和控制器的参数。

（键盘快捷键覆盖切换）：使用该按钮可以在只使用"主用户界面"快捷键和同时使用主快捷键和组（如编辑 / 可编辑网格、轨迹视图、NURBS 等）快捷键之间切换，可以在"自定义用户界面"对话框中自定义键盘快捷键。

（3D 捕捉）：（3D 捕捉）按钮是默认设置，鼠标指针直接捕捉 3D 空间中的所有几何体，用于创建和移动几何体，而不考虑用来构造平面；使用（2D 捕捉）按钮鼠标指针仅捕捉活动构建栅格，包括该栅格平面上的所有几何体，将忽略 z 轴或垂直尺寸；使用（2.5D 捕捉）按钮鼠标指针仅捕捉活动栅格上对象投影的顶点或边缘。

（角度捕捉切换）：确定多数功能的增量旋转，默认设置以 5°为增量旋转。

（百分比捕捉切换）：通过指定的百分比增加对象的缩放。

（微调器捕捉切换）：设置 3ds Max 中所有微调器的单个单击增加或减少值。

（编辑命名选择集）：单击该按钮将弹出"编辑命名选择"对话框，可用于管理子对象的命名选择集。

命名选择集：支持在对象层级和子对象层级上命名选择集。

（镜像）：单击该按钮将弹出"镜像"对话框，使用该对话框可以在镜像对象的同时移动这些对象；也可以围绕当前坐标系中心镜像当前选择对象，使用"镜像"对话框可以同时创建克隆对象。

（对齐）：该按钮的下拉列表提供了用于对齐对象的 6 种工具；单击（对齐）按钮，然后选择对象，将弹出"对齐"对话框，使用该对话框可将当前选择与目标选择对齐，目标对象的名称将显示在"对齐"对话框的标题栏中，执行子对象对齐时，"对齐"对话框的标题栏会显示"对齐子对象当前选择"；单击（快速对齐）按钮，可将当前选择的对象与目标对象对齐；单击（法线对齐）按钮弹出"法线对齐"对话框，基于每个对象的面或选择的法线方向将两个对象对齐；单击（放置高光）按钮，可将灯光或对象对齐到另一对象，以便精确定位其高光或反射；单击（对齐摄影机）按钮，可以将摄影机与选择的面法线对齐；单击（对齐到视图）按钮，将弹出"对齐到视图"对话框，可以将对象或子对象选择的局部轴与当前视口对齐。

（层管理器）：层管理器是一种显示层及其关联对象和属性的"场景资源管理器"模式，可以使用该按钮来创建、删除和嵌套层，以及在层之间移动对象，还可以查看和编辑场景中所有层的设置，以及与其相关联的对象。

（石墨建模工具）：显示或关闭石墨工具栏。

（曲线编辑器）：曲线编辑器是一种轨迹视图模式，可用于处理在图形上能表示为函数曲线的运动，可以利用它查看运动的插值、软件在关键帧之间创建的对象变换；使用曲线上找到的关键点的切线控制柄，还可以查看和控制场景中各个对象的运动和动画效果。

（图解视图）：图解视图是基于节点的场景图，通过它可以访问对象的属性、材质、控制器、修改器、层次和不可见场景关系，如关联参数和实例。

（材质编辑器）：用于创建和编辑对象的材质和贴图。

（渲染设置）：单击该按钮打开的对话框具有多个面板，面板的数量和名称因活动渲染器而异。

（渲染帧窗口）：单击该按钮可打开渲染帧窗口。

（快速渲染）：单击该按钮，可以使用当前产品级渲染设置来渲染场景，而无须通过"渲染场景"对话框。

4．命令面板

命令面板是 3ds Max 的核心部分，默认状态下位于操作界面的右侧。命令面板由 6 个用户界面面板组成，通过这些面板可以使用 3ds Max 的大多数建模功能，以及一些动画功能、显示选择工具和其他工具。每次只有一个面板可见，默认打开的是 （创建）面板，如图 1-24 所示。

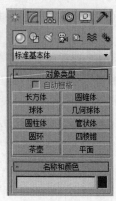

图1-24

要显示其他面板，只需单击命令面板顶部的选项卡即可切换至相应的命令面板，从左至右依次为 （创建）面板、 （修改）面板、 （层次）面板、 （运动）面板、 （显示）面板和 （工具）面板。

面板上标有 +（加号）或 -（减号）按钮的部分为卷展栏。卷展栏的标题左侧带有 + 号表示卷展栏卷起，有 - 号表示卷展栏展开，单击 + 按钮或 - 按钮可以在展开和卷起卷展栏之间切换。如果很多卷展栏同时展开，屏幕可能不能完整显示卷展栏，这时可以把鼠标指针移到卷展栏的空白处，当鼠标指针变成 形状时，按住鼠标左键上下拖曳鼠标指针，可以上下移动卷展栏，这和前面提到的"选择并移动"工具类似。

 （创建）面板是 3ds Max 2014 中最常用的面板之一，利用该面板可以创建各种模型对象，它是命令级数最多的面板。面板上方的 7 个按钮代表 7 种可创建的对象，简单介绍如下。

 （几何体）：可以创建标准几何体、扩展几何体、合成造型、粒子系统、动力学物体等。

 （图形）：可以创建二维图形，可沿某个路径放样生成三维造型。

 （灯光）：创建泛光灯、聚光灯、平行灯等各种灯，模拟现实中各种灯光的效果。

 （摄影机）：创建目标摄影机或自由摄影机。

 （辅助对象）：创建起辅助作用的特殊物体。

 （空间扭曲）：创建空间扭曲以模拟风、引力等特殊效果。

 （系统）：可以生成骨骼等特殊物体。

单击其中的一个按钮，可以展开相应的子面板。在创建对象按钮的下方是创建的模型分类下拉列表框 标准基本体 ，单击右侧的 按钮，可从弹出的下拉列表中选择要创建的模型类别。图 1-24 所示为几何体子面板中可以创建的模型类别。

一个物体创建完成后，如果要对其进行修改，可单击 按钮，打开修改面板，如图 1-25 所示。修改面板可以修改对象的参数、应用编辑修改器及访问编辑修改器堆栈。通过该面板可以实现模型的各种变形效果，如拉伸、变曲、扭转等。

在命令面板中单击 按钮，可打开显示面板，如图 1-26 所示。显示面板主要用于显示和隐藏、冻结和解冻场景中的对象，还可以改变对象的显示特性，加速视图显示，以及简化建模步骤。

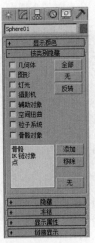

图 1-25   图 1-26

5. 工作区

工作区中共有 4 个视图。在 3ds Max 2014 中，视图显示区位于操作界面的中间，占据了大部分的操作界面，是 3ds Max 2014 的主要工作区。通过视图，可以从不同的角度来查看建立的场景。在默认状态下，系统在 4 个视口中分别显示顶视图、前视图、左视图和透视视图 4 个视图（又称场景）。其中顶视图、前视图、左视图相当于物体在相应方向的平面投影，即沿 x 轴、y 轴、z 轴所看到的场景，而透视视图则是从某个角度看到的场景，如图 1-27 所示。顶视图、前视图与左视图又被称为正交视图，在正交视图中，系统仅显示物体的平面投影形状，而在透视视图中，系统不仅显示物体的立体形状，还会显示物体的颜色。所以，正交视图通常用于创建和编辑物体，透视视图通常用于观察效果。

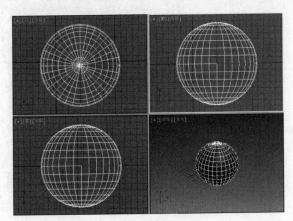

图 1-27

4 个视图都可见时，带有高亮显示边框的视图始终处于活动状态，默认情况下，透视视图平滑并高亮显示。在任何一个视图中单击鼠标左键或右键，都可以激活该视图，被激活视图的边框显示为黄色。可以在激活的视图中进行各种操作，其他的视图仅作为参考视图（注意，同一时刻只能有一个视图处于激活状态）。用鼠标左键或右键激活视图的区别在于：用鼠标左键单击某一视图时，可能会对视图中的对象进行误操作，而用鼠标右键单击某一视图时，只会激活视图。

将鼠标指针移到视图的中心，也就是 4 个视图的交点，当鼠标指针变成双向箭头时，拖曳鼠标指针（见图 1-28）可以改变各个视图的大小和比例，如图 1-29 所示。

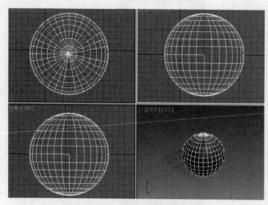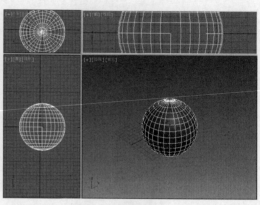

图 1-28　　　　　　　　　　　　　　　　　　　图 1-29

还可将视图设置为底视图、右视图、用户视图、摄影机视图、后视图等。其中，底视图的快捷键为 B，右视图的快捷键为 R，用户视图的快捷键为 U，摄影机视图的快捷键为 C，后视图的快捷键为 K。摄影机视图与透视视图类似，它显示用户在场景中放置摄影机后，通过摄影机镜头看到的画面。可以单击视图左上角的名称，在弹出的快捷菜单中选择需要的视图，如图 1-30 所示。单击视图左上角的 + 按钮，在弹出的快捷菜单中选择"配置"命令，在打开的对话框中选择"布局"选项卡，即可从中设置视口的布局，如图 1-31 所示。

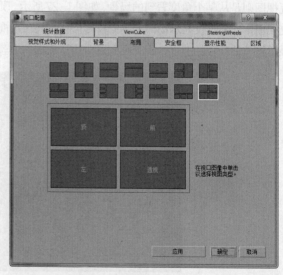

图 1-30　　　　　　　　　　　　　　　　　　　图 1-31

6．视图控制区

视图控制区位于 3ds Max 2014 操作界面的右下角，其中包括视图调节工具。图 1-32 所示为 3ds Max 2014 的视图调节工具，根据当前激活视图的类型，视图调节工具会略有不同。选择一个视图调节工具时，该按钮呈黄色显示，表示对当前激活视图来说，该按钮是激活的。

各种视图调节工具的功能如下。

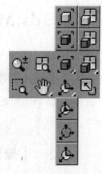

（缩放）：单击此按钮，在任意视图中上下拖曳鼠标指针，可以拉近或推远场景。

（缩放全部）：用法同（缩放）按钮，只不过此按钮影响的是当前所有可见的视图。

（最大化显示选定对象）：单击此按钮可选择对象或对象集使其在活动透视视图或正交视图中居中显示，当要浏览的对象在复杂场景中丢失时，该按钮非常有用。

（最大化显示）：单击该按钮可使所有可见的对象在活动透视视图或正交视图中居中显示，当在单个视图中查看场景的每个对象时，该按钮非常有用。

图1-32

（所有视图最大化显示）：单击该按钮可使所有可见对象在所有视图中居中显示，当希望在每个可用视图的场景中看到各个对象时，该按钮非常有用。

（所有视图最大化显示选定对象）：单击该按钮将选择对象或对象集使其在所有视图中居中显示，当要浏览的对象在复杂场景中丢失时，该按钮非常有用。

（缩放区域）：单击该按钮可放大在视图内拖曳的矩形区域，仅当活动视图是正交视图、透视视图或用户视图三向投影视图时，该按钮才可用，该按钮不可用于摄影机视图。

（平移视图）：单击该按钮在任意视图中拖曳鼠标指针即可移动视图。

（选定的环绕）：单击该按钮，可将当前选择的中心用作旋转的中心，当视图围绕其中心旋转时，选择对象将保持在视图中的同一位置上。

（环绕）：单击该按钮，可将视图中心用作旋转的中心，如果对象靠近视图的边缘，则它们可能会旋转出视图范围。

（环绕子对象）：单击该按钮，可将当前选择子对象的中心用作旋转的中心，当视图围绕其中心旋转时，当前选择将保持在视图中的同一位置上。

（最大化视口切换）：单击该按钮，当前视图将全屏显示，便于对场景进行精细编辑操作；再次单击该按钮，可恢复原来的状态，其快捷键为 Alt+W。

7. 状态栏和提示行

状态栏和提示行位于操作界面的下部偏左，状态栏显示所选对象的数目、对象的孤立、对象的锁定、当前鼠标指针的坐标、当前使用的栅格距等。提示行显示当前使用工具的提示文字，如图1-33所示。

坐标数值显示区：在锁定按钮的右侧是鼠标指针坐标数值显示区，如图1-34所示。

图1-33   图1-34

1.3　3ds Max 2014 的坐标系统

1.3.1　【操作目的】

使用参考坐标系，指定变换（移动、旋转和缩放），所用的坐标系，包括"视图""屏幕""世界""父对象""局部""万向""栅格""拾取"坐标系。

1.3.2　【操作步骤】

步骤 ① 在场景中选择需要更改坐标系的模型，如图 1-35 所示。

步骤 ② 在工具栏中的"参考坐标系"下拉列表中选择需要的坐标系，如图 1-36 所示。

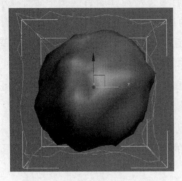

图 1-35

图 1-36

1.3.3　【相关工具】

下面介绍各个坐标系的功能。

视图坐标系：在默认的视图坐标系中，所有正交视图中的 x 轴、y 轴、z 轴都相同；在该坐标系中移动对象时，对象会相对于视图空间移动，图 1-37 所示为 4 个视图中的视图坐标。

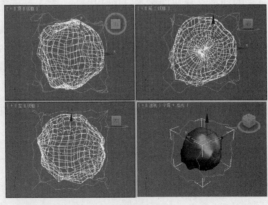

图 1-37

x 轴始终朝右。

y 轴始终朝上。

z 轴始终垂直于屏幕指向用户。

屏幕坐标系：将活动视图屏幕用作坐标系，图 1-38 和图 1-39 所示分别为激活旋转视图后的透视视图与前视图的坐标效果，该模式下的坐标系始终相对于观察点。

x 轴为水平方向，正向朝右。

y 轴为垂直方向，正向朝上。

z 轴为深度方向，正向指向用户。

因为"屏幕"模式取决于其方向的活动视图，所以非活动视图中的三轴架上的 x 轴、y 轴、z 轴标签显示当前活动视图的方向。激活该三轴架所在的视图时，三轴架上的标签会发生变化。

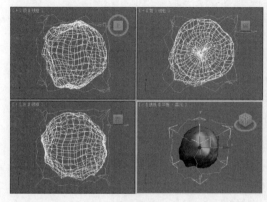
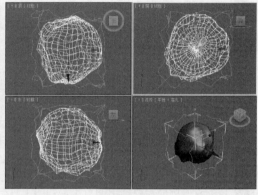

图1-38   图1-39

世界坐标系：世界坐标系如图 1-40 所示，从正面看，x 轴正向朝右，z 轴正向朝上，y 轴正向指向背离用户的方向，世界坐标系始终固定。

父对象坐标系：以选择对象的父对象为坐标系，如果对象未链接至特定对象，则其为世界坐标系的子对象，其父对象坐标系与世界坐标系相同，如图 1-41 所示。

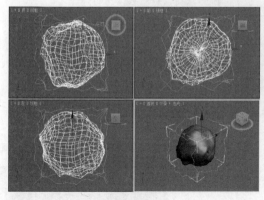
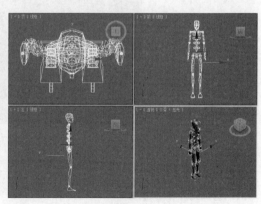

图1-40   图1-41

局部坐标系：依据选择对象建立的坐标系，对象的局部坐标系由其轴点支撑，使用"层次"命令面板上的选项，可以相对于对象调整局部坐标系的位置和方向。

万向坐标系：万向坐标系需与 Euler XYZ 旋转控制器一同使用，它与局部坐标系类似，但其 3 个旋转轴之间不一定互相成直角。

对象在局部坐标系和父对象坐标系中围绕一个轴旋转时，会更改 2 个或 3 个 Euler XYZ 轨迹，而在万向坐标系中围绕一个轴的 Euler XYZ 旋转仅更改该轴的轨迹，这使得功能曲线编辑更为便捷。

此外，利用万向坐标系的绝对变换输入会将相同的 Euler 角度值用作动画轨迹（按照坐标系要求，与相对于世界坐标系或父对象坐标系的 Euler 角度相对应）。Euler XYZ 控制器也可以是列表控制器中的活动控制器。

栅格坐标系：使用活动栅格的坐标系。

工作：使用工作轴坐标系。您可以随时使用坐标系，无论工作轴处于活动状态与否。使用工作轴启用时，即为默认的坐标系。

拾取坐标系：选择场景中某个对象为轴心的坐标系。

1.4　对象的选择方法

1.4.1　【操作目的】

在 3ds Max 2014 中用多种方法选择对象，包括直接选择、通过对话框选择、区域选择等。

1.4.2　【操作步骤】

步骤① 在工具栏中单击 ⬚（选择对象）按钮。

步骤② 在场景中选择需要编辑的对象，如图 1-42 所示。

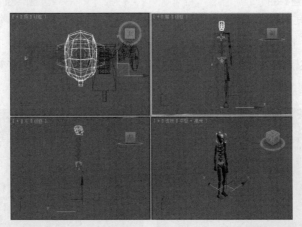

物体的选择方式

图 1-42

1.4.3　【相关工具】

1. 选择对象的基本方法

选择对象的基本方法包括使用 ⬚（选择对象）工具直接选择和使用 ⬚（按名称选择）工具选择两种方法。单击 ⬚（按名称选择）按钮后，弹出"从场景选择"对话框，如图 1-43 所示。

在该对话框的列表框中按住 Ctrl 键单击可选择多个对象，按住 Shift 键单击可指定选择对象的连续范围。在对话框的右侧可以设置对象以什么形式排序，也可以指定在对象列表中显示什么类型的对象，包括"几何体""图形""灯光""摄影机""辅助对象""空

图 1-43

间扭曲""组 / 集合""外部参考""骨骼"等类型。取消选择某一类型,对象列表中将隐藏该类型。

2.区域选择

区域选择需要选择工具配合工具栏中的选区工具,如▣(矩形选择区域)、▣(圆形选择区域)、▣(围栏选择区域)、▣(套索选择区域)和▣(绘制选择区域)。

▣(矩形选择区域):在视图选择区域中按住鼠标左键拖曳鼠标指针,到合适位置后释放鼠标,按下鼠标左键的位置是矩形选区的一个角,释放鼠标的位置是相对的角,如图 1-44 所示。

▣(圆形选择区域):在视图中按住鼠标左键拖曳鼠标指针,到合适位置后释放鼠标,按下鼠标左键的位置是圆形选区的圆心,释放鼠标的位置用于定义圆形选区的半径,如图 1-45 所示。

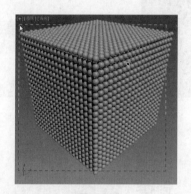
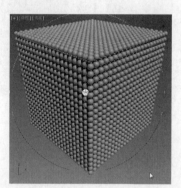

图 1-44   图 1-45

▣(围栏选择区域):在视图中拖曳鼠标指针绘制多边形选区,创建的多边形选区如图 1-46 所示。

▣(套索选择区域):围绕应该选择的对象拖曳鼠标指针以绘制图形选区,如图 1-47 所示。绘制选区过程中若要取消操作,在释放鼠标左键前单击鼠标右键即可。

▣(绘制选择区域):将鼠标指针拖至对象之上,按住鼠标左键拖曳即可绘制选区;在拖曳鼠标指针时,鼠标指针周围会出现一个以笔刷大小为半径的圆圈,圆圈划过的区域即为创建的选区,如图 1-48 所示。

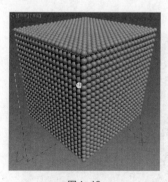
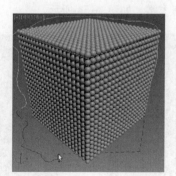

图 1-46   图 1-47   图 1-48

3.利用编辑菜单选择

"编辑"菜单中有几种选择场景中对象的方式,如图 1-49 所示,包括"全选""全部不选""反选""选择类似对象""选择实例"等。

4. 编辑成组

要在场景中选择需要成组的对象，如图 1-50 所示，可在菜单栏中选择"组 > 成组"命令，弹出"组"对话框，如图 1-51 所示，在文本框中输入组名。将选择的对象编辑成组之后，可以对成组后的对象进行整体选择。

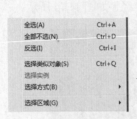

图 1-49

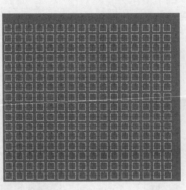

图 1-50

图 1-51

1.5 对象的变换

物体的变换

1.5.1 【操作目的】

制作一个简单的铅笔模型（见图 1-52）以了解变换工具。

1.5.2 【操作步骤】

步骤① 在场景中创建圆柱体，如图 1-53 所示。

步骤② 按快捷键 Ctrl+V，在弹出的对话框中选择"复制"选项，单击"确定"按钮，复制圆柱体。

步骤③ 选择复制的圆柱体，修改其参数，如图 1-54 所示。

图 1-52

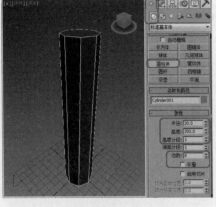

图 1-53

图 1-54

步骤④ 在场景中创建圆锥体，设置合适的参数，如图 1-55 所示。

步骤 ⑤ 按快捷键 Ctrl+V，在弹出的对话框中选择"复制"选项，单击"确定"按钮，复制圆锥体。

步骤 ⑥ 选择复制的圆锥体，修改其参数，如图 1-56 所示。

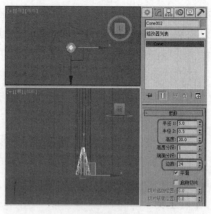

图 1-55   图 1-56

步骤 ⑦ 在工具栏中单击 ✛（选择并移动）按钮，在场景中选择大的圆锥体，在前视图中沿着 y 轴将模型移动到圆柱体的顶部，如图 1-57 所示。

步骤 ⑧ 使用同样的方法将小圆锥体放置到大圆锥体上方，调整好位置后，修改大圆锥体的参数，如图 1-58 所示。

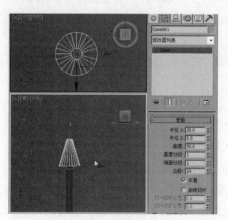
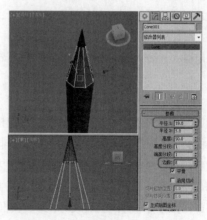

图 1-57   图 1-58

步骤 ⑨ 在场景中选择所有模型，在工具栏中单击 ◯（选择并旋转）按钮，在左视图中将铅笔模型水平放置，如图 1-59 所示。

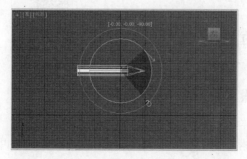

图 1-59

1.5.3　【相关工具】

1.移动工具

移动工具是三维制作过程中使用最频繁的变换工具，用于选择并移动对象。使用 ✛（选择并移动）工具可以将选择的对象移动到任意位置，也可以将选择的对象精确定位到新的位置。移动工具有自身的模框，选择任意一个轴可以将移动限制在选择的轴上，选择的轴加亮显示为黄色。选择任意一个平面，可以将移动限制在该平面内，选择的平面加亮显示为透明的黄色。

为了提高效果图的制作精度，可以使用键盘输入的方式精确控制移动距离。用鼠标右键单击 ✛（选择并移动）工具，打开"移动变换输入"对话框，如图 1-60 所示。在其中可精确控制移动距离，确定被选对象新位置的相对坐标值。使用这种方法移动对象时，移动方向仍然要受到轴的限制。

图 1-60

2.旋转工具

旋转模框是根据虚拟跟踪球的概念建立的，旋转模框的控制工具是圆，在任意一个圆上单击，再沿圆形拖曳鼠标指针即可进行旋转，可以旋转不止一圈。当圆旋转到虚拟跟踪球后面时，将不可见，这样模框不会变得杂乱无章，更容易使用。

在旋转模框中，除了可以控制 x 轴、y 轴、z 轴方向的旋转外，还可以设置自由旋转和基于视图的旋转。在暗灰色圆的内部拖曳鼠标指针可以自由旋转一个对象，就像真正旋转一个轨迹球一样（即自由模式）；在浅灰色的球外框拖曳鼠标指针，可以在一个与视图视线垂直的平面上旋转一个对象（即屏幕模式）。

使用 ⟳（选择并旋转）工具也可以进行精确旋转，其使用方法与移动工具一样，只是对话框有所不同。

3.缩放工具

缩放模框中包括限制平面，以及缩放模框本身提供的缩放反馈。缩放变换按钮为弹出按钮，可提供 3 种类型的缩放，分别为等比例缩放、非等比例缩放和挤压缩放（即体积不变）。

旋转任意一个轴可将缩放限制在该轴的方向上，旋转的轴加亮显示为黄色；旋转任意一个平面可将缩放限制在该平面上，旋转的平面加亮显示为透明的黄色；选择中心区域可进行所有轴向的等比例缩放，在进行非等比例缩放时，缩放模框会在鼠标指针移动时拉伸和变形。

1.6　对象的复制

物体的复制

图 1-61

1.6.1　【操作目的】

通过实例介绍对象的基本复制方法，如图 1-61 所示。

1.6.2　【操作步骤】

步骤 ❶ 在场景中创建管状体，设置合适的参数，如图 1-62 所示。

步骤 ❷ 在场景中创建圆柱体，设置合适的参数，并将其放置到管状体的中间位置，如图 1-63 所示。

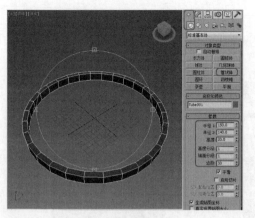

图 1-62

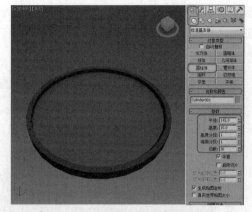

图 1-63

步骤③ 在场景中创建长方体作为时间刻度，如图 1-64 所示。

步骤④ 选择该长方体，切换到 🔲（层次），打开"仅影响轴"按钮，在前视图中使用 🔲（对齐）工具在场景中拾取圆柱体，在弹出的对话框中设置合适的参数，单击"确定"按钮，如图 1-65 所示。

图 1-64

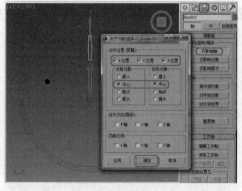

图 1-65

步骤⑤ 调整轴之后，关闭"仅影响轴"按钮，在菜单栏中选择 "工具 > 阵列"命令，在弹出的对话框中设置参数，单击"确定"按钮，如图 1-66 所示。

步骤⑥ 选择图 1-67 所示的长方体，单击 🔲（使唯一）按钮。

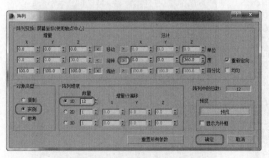

图 1-66

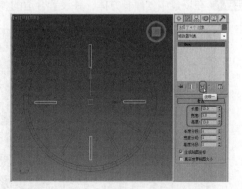

图 1-67

步骤 ⑦ 修改长方体的其他参数，如图 1-68 所示。

步骤 ⑧ 在场景中选择管状体模型，按快捷键 Ctrl+V，在弹出的对话框中选中"复制"单选按钮，复制模型，如图 1-69 所示。

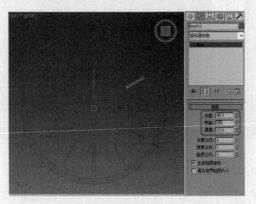

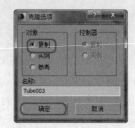

图 1-68　　　　　　　　　　　　　　　　　　图 1-69

步骤 ⑨ 复制管状体后，修改其参数，如图 1-70 所示。

步骤 ⑩ 为模型施加"晶格"修改器，并设置合适的参数，如图 1-71 所示。

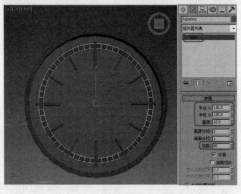

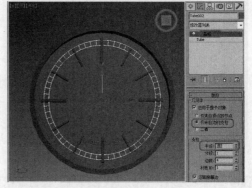

图 1-70　　　　　　　　　　　　　　　　　　图 1-71

步骤 ⑪ 在场景中创建长方体，并设置合适的参数，作为分针，如图 1-72 所示。

步骤 ⑫ 在场景中创建长方体，并设置合适的参数，作为时针，如图 1-73 所示。

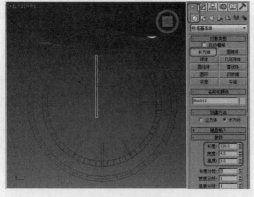

图 1-72　　　　　　　　　　　　　　　　　　图 1-73

步骤 ⑬ 在场景中创建圆柱体，设置合适的参数，作为指针的中轴，并在场景中调整各个模型的位置，最终效果如图 1-74 所示。

图 1-74

1.6.3 【相关工具】

从上面的实例可以延伸出以下几种复制工具。

1. 直接复制

在场景中选择需要复制的模型，按快捷键 Ctrl+V，可以直接复制模型。变换工具是使用最多的复制工具，按住 Shift 键利用移动、旋转、缩放工具进行拖曳即可对模型进行变换复制。释放鼠标后，弹出"克隆选项"对话框，复制方式有 3 种，分别为常规复制、实例复制和参考复制，如图 1-75 所示。

图 1-75

2. 镜像复制

使用镜像复制工具可以将选择的模型沿指定的坐标轴进行对称复制。

在场景中选择需要镜像复制的模型，如图 1-76 所示，单击工具栏中的 ▥ （阵列）按钮，打开"镜像"对话框，如图 1-77 所示。

在对话框中设置镜像的基本选项：6 个镜像轴可以实现不同的镜像效果；"偏移"选项控制镜像物体与原物体的距离；"克隆当前选择"选项组控制镜像模型以哪种方式进行镜像复制。

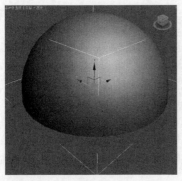

图 1-76

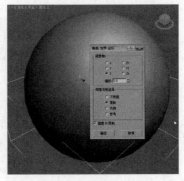

图 1-77

3．间隔复制

使用间隔复制工具可以根据路径复制物体。

在场景中创建路径和球体，如图 1-78 所示。在场景中选择球体，在菜单栏中选择"工具 > 对齐 > 间隔工具"命令，在弹出的对话框中单击"Helix001"按钮，在场景中拾取作为路径的螺旋线，设置"计数"参数，如图 1-79 所示。

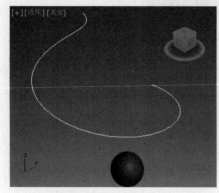

图 1-78　　　　　　　　　　　　　　　　　　　　　　图 1-79

4．阵列复制

在菜单栏中选择"工具 > 阵列"命令，打开"阵列"对话框，如图 1-80 所示。

"增量"选项组：控制阵列中单个物体在 x 轴、y 轴、z 轴上的移动、旋转、缩放间距，该选项组一般不需要设置。

"总计"选项组：控制阵列中物体在 x 轴、y 轴、z 轴上的移动、旋转、缩放总量，这是常用的选项组，改变该选项组后，"增量"选项组随之改变。

"对象类型"选项组：设置复制的类型。

"阵列维度"选项组：设置 3 种维度的阵列。

"重新定向"复选框：启用该选项后，旋转复制原始对象时，同时也对复制对象沿其自身的坐标系统进行旋转定向，使其在旋转轨迹上总保持相同的角度。

"均匀"复选框：启用该选项后，缩放的文本框中只有一个允许输入，这样可以保证对象只发生体积变化而不发生变形。

"预览"按钮：单击该按钮，可以在视图中预览设置的阵列效果。

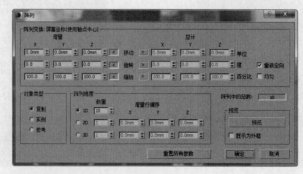

图 1-80

1.7 捕捉工具

捕捉工具

1.7.1 【操作目的】

捕捉工具是功能很强的建模工具，熟练使用该工具可以提高工作效率。下面介绍使用捕捉工具制作简约装饰画的步骤，如图 1-81 所示。

1.7.2 【操作步骤】

步骤① 在前视图中创建矩形，在"参数"卷展栏中设置"长度"为 230，"宽度"为 220，在"渲染"卷展栏中勾选"在渲染中启用"复选框和"在视口中启用"复选框，选中"矩形"单选按钮，设置"长度"为 10，"宽度"为 25，如图 1-82 所示。

图 1-81

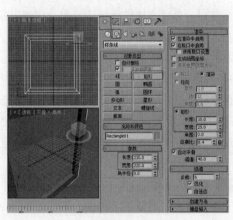

图 1-82

步骤② 在工具栏中用鼠标右键单击 ![捕捉开关] （捕捉开关）按钮，在弹出的对话框中勾选"顶点"复选框，如图 1-83 所示。

步骤③ 打开 ![捕捉开关] （捕捉开关）按钮，在前视图中通过顶点捕捉创建平面，如图 1-84 所示。

图 1-83

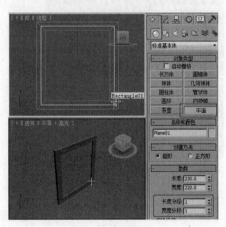

图 1-84

1.7.3 　【相关工具】

从上面的实例可以延伸出以下几种捕捉工具。

1．3 种捕捉工具

捕捉工具有 3 种：位置捕捉工具 （捕捉开关）、角度捕捉工具 （角度捕捉切换）和百分比捕捉工具 （百分比捕捉切换）。最常用的是位置捕捉工具，角度捕捉工具主要用于旋转物体，百分比捕捉工具主要用于缩放物体。

（1）位置捕捉工具

（捕捉开关）用于在三维空间中锁定位置，以便进行旋转、创建、编辑、修改等操作。在创建和变换对象或子对象时，可以捕捉几何体的特定部分。同时，还可以捕捉栅、切线、中点、轴心点、面中心等其他选项。

开启捕捉工具并关闭动画设置后，"旋转"和"缩放"命令在捕捉点周围执行。例如，开启顶点捕捉并对一个立方体进行旋转操作，在使用变换坐标中心的情况下，可以使用捕捉工具让对象围绕自身顶点旋转。当动画设置开启后，无论是"旋转"还是"缩放"命令，对捕捉工具都无效，对象只能围绕自身轴心进行旋转或缩放。位置捕捉分为相对捕捉和绝对捕捉。

关于捕捉设置，系统提供了 3 个空间，包括 2D、2.5D 和 3D，它们的按钮在一起，在某一按钮上按住鼠标左键不放即可切换。在按钮上单击鼠标右键，可以调出"栅格和捕捉设置"对话框，如图 1-85 所示。在该对话框中可以选择捕捉的类型，还可以控制捕捉的灵敏度。如果捕捉到了对象，会显示一个蓝色（颜色可以更改）的 15 像素的方格及相应的线。

（2）角度捕捉

（角度捕捉切换）用于设置进行旋转操作时的角度间隔，不打开角度捕捉对于细微调节有帮助，但对于整角度的旋转就很不方便。事实上，经常要进行如 90°、180° 等角度的旋转，这时打开角度捕捉按钮，系统会以 5° 作为角度的变换间隔进行角度的调整。在按钮上单击鼠标右键可以调出"栅格与捕捉设置"对话框，在"选项"选项卡中，可以通过设置"角度"值来设置角度捕捉的间隔角度，如图 1-86 所示。

图 1-85

图 1-86

（3）百分比捕捉工具

（百分比捕捉切换）用于设置缩放或挤压操作时的百分比间隔，如果不打开百分比捕捉，则系统会以 1% 作为缩放的比例间隔。如果要调整比例间隔，可在按钮上单击鼠标右键，在弹出的"栅格和捕捉设置"对话框中单击"选项"选项卡，设置"百分比"值来设置缩放捕捉的比例间隔，默认值为 10%。

2. 捕捉工具的参数设置

在 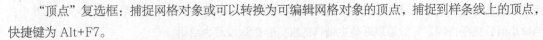 (捕捉开关) 按钮上单击鼠标右键，打开"栅格和捕捉设置"
对话框。

图 1-87

"捕捉"选项卡如图 1-87 所示，主要选项如下。

"栅格点"复选框：捕捉栅格交点，默认情况下此捕捉类型处
于启用状态，快捷键为 Alt+F5。

"栅格线"复选框：捕捉栅格线上的任何点。

"轴心"复选框：捕捉对象的轴点。

"边界框"复选框：捕捉对象边界框的 8 个角中的 1 个。

"垂足"复选框：捕捉样条线上与上一个点相对的垂直点。

"切点"复选框：捕捉样条线上与上一个点相对的相切点。

"顶点"复选框：捕捉网格对象或可以转换为可编辑网格对象的顶点，捕捉到样条线上的顶点，
快捷键为 Alt+F7。

"端点"复选框：捕捉网格边的端点或样条线的顶点。

"边 / 线段"复选框：捕捉网格边（可见或不可见）或样条线分段的任何位置，快捷键为
Alt+F9。

"中点"复选框：捕捉到网格边的中点和到样条线分段的中点，快捷键为 Alt+F8。

"面"复选框：捕捉到面的曲面上的任何位置，如果选择背面，则此设置无效，快捷键为
Alt+F10。

"中心面"复选框：捕捉到三角形面的中心。

"选项"选项卡如图 1-88 所示，主要选项如下。

"显示"复选框：切换捕捉指针的显示，禁用该选项后，捕捉仍然起作用，但不显示。

"大小"文本框：以像素为单位设置捕捉点的大小，当鼠标指
针移动到模型上时，鼠标指针会变为一个小图标，表示源或目标捕
捉点。

图 1-88

"捕捉预览半径"文本框：当鼠标指针与潜在捕捉到的点的距
离在"捕捉预览半径"值和"捕捉半径"值之间时，捕捉标记跳到
最近的潜在捕捉到的点，但不发生捕捉，默认值为 30 像素。

"捕捉半径"文本框：以像素为单位设置鼠标指针周围区域的
大小，在该区域内捕捉将自动进行，默认值为 20 像素。

"角度"文本框：设置对象围绕指定轴旋转的增量（以度为单位）。

"百分比"文本框：设置缩放变换的百分比增量。

"捕捉到冻结对象"复选框：启用该选项后，将启用捕捉冻结对象功能，该选项默认设置为禁
用状态；该选项也位于"捕捉"快捷菜单中，按住 Shift 键用鼠标右键单击视图的任意位置，可以访
问快捷键菜单中的"捕捉到冻结对象"选项；该选项也位于捕捉工具栏中，快捷键为 Alt+F2。

"启用轴约束"复选框：约束选择对象，使其沿着在"轴约束"工具栏上指定的轴移动；禁用
该选项后（默认设置），将忽略约束，并且可以将捕捉的对象平移任何尺寸（假设使用 3D 捕捉）；

该选项也位于"捕捉"快捷菜单中，在按住 Shift 键的同时，用鼠标右键单击任何视图即可访问该选项；该选项还位于捕捉工具栏中，其快捷键为 Alt+F3 或 Alt+D。

"显示橡皮筋"复选框：当启用此选项并移动对象时，在原始位置和鼠标指针位置之间显示橡皮筋线使捕捉过程更精确。

"主栅格"选项卡如图 1-89 所示，主要选项如下。

"栅格间距"文本框：栅格间距是指栅格的最小尺寸，使用微调器可调整间距（使用当前单位），或直接输入值，调整间距。

图 1-89

"每 N 条栅格线有一条主线"文本框：设置场景栅格的主线位置，主线比一般的栅格线颜色深；例如，参数为 10 时，每间隔 10 条栅格线就会出现一条颜色较深且粗的主线。

"透视视图栅格范围"文本框：设置透视视图中的主栅格大小。

"禁止低于栅格间距的栅格细分"复选框：当对象在主栅格上放大时，系统将栅格视为一组固定的线；实际上，栅格大小是固定的；如果保持缩放，则固定栅格将从视图中丢失，不影响缩小；当缩小时，主栅格固定缩放可以保持主栅格的细分；默认设置为启用。

"禁止透视视图栅格调整大小"复选框：当放大或缩小时，系统将透视视图中的栅格视为一组固定的线；实际上，无论如何缩放，栅格都将保持固定大小；默认设置为启用。

"动态更新"选项组：默认情况下，更改"栅格间距"和"每 N 条栅格线有一条主线"的值时，只更新活动视口，完成更改值之后，其他视口才更新；选择"所有视口"选项可在更改值时，更新所有视口。

图 1-90

"用户栅格"选项卡如图 1-90 所示，主要选项如下。

"创建栅格时将其激活"复选框：启用该选项可自动激活创建的栅格。

"世界空间"单选按钮：将栅格与世界空间对齐。

"对象空间"单选按钮：将栅格与对象空间对齐。

1.8　对齐工具

对齐工具

1.8.1　【操作目的】

使用对齐工具可以设置物体的位置、方向和比例对齐，还可以进行法线对齐、放置高光、对齐摄影机、对齐视图等操作。对齐工具有实时调节、实时显示效果的功能。

1.8.2　【操作步骤】

在场景中创建立方体和球体，将球体放置到立方体的上方中心处。

步骤❶ 在场景中选择创建的球体，如图 1-91 所示。

步骤❷ 在工具栏中单击 （对齐）按钮，在场景中拾取立方体，弹出图 1-92 所示的对话框。勾选"Z位置"复选框，在"当前对象"和"目标对象"选项组中分别选中"最小"和"最大"单选按钮，单击"应用"按钮,将球体放置到立方体的上方。

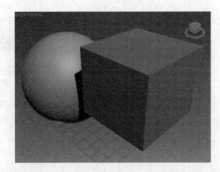
图1-91

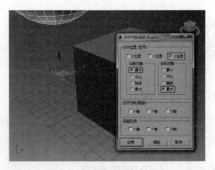
图1-92

步骤❸ 勾选"X 位置"和"Y 位置"复选框,选中"当前对象"和"目标对象"选项组中的"中心"单选按钮,单击"确定"按钮,如图 1-93 所示,将球体放置到立方体的中心。

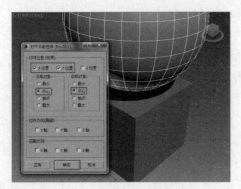
图1-93

1.8.3 【相关工具】

下面介绍"对齐当前选择"对话框中各个选项的功能,对话框如图 1-94 所示。

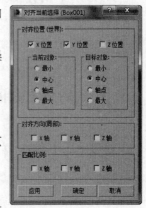

"X 位置""Y 位置""Z 位置"复选框:指定要在其中执行对齐操作的轴。启用所有选项可以将当前对象移动到目标对象位置。

"最小"单选按钮:将具有最小 x 轴、y 轴、z 轴坐标值的对象边界框上的点与其他对象上选择的点对齐。

"中心"单选按钮:将对象边界框的中心与其他对象上的选择点对齐。

"轴点"单选按钮:将对象的轴点与其他对象上的选择点对齐。

"最大"单选按钮:将具有最大 x 轴、y 轴、z 轴坐标值的对象边界框上的点与其他对象上选择的点对齐。

图1-94

"对齐方向(局部)"选项组:用于设置在轴的任意组合上匹配两个对象之间的局部坐标系的方向。

"匹配比例"选项组:启用"X 轴""Y 轴""Z 轴"选项,可匹配两个选择对象之间的缩放值;该操作仅对变换输入中显示的缩放值进行匹配,不一定会导致两个对象的大小相同;如果两个对象先前都未进行缩放，则其大小不会更改。

1.9 撤销和重做命令

1.9.1 【操作目的】

"撤销"命令可取消对任何选择对象执行的上一次操作。"重做"命令可取消由"撤销"命令执行的上一次操作。在模型制作过程中，"撤销"和"重做"命令是较为常用的命令。

1.9.2 【操作步骤】

要撤销最近一次操作，需执行以下操作。

单击 ⟲· （撤销）按钮，或选择"编辑 > 撤销"命令，或按快捷键 Ctrl+Z。

要撤销若干个操作，需执行以下操作。

步骤❶ 用鼠标右键单击 ⟲· （撤销）按钮。

步骤❷ 在弹出的列表中单击需要撤销的操作。

步骤❸ 单击 ⟲· （撤销）按钮。

要重做一个操作，需执行以下操作。

单击 ⟳· （重做）按钮，或选择"编辑 > 重做"命令，或按快捷键 Ctrl+Y。

要重做若干个操作，需执行以下操作。

步骤❶ 用鼠标右键单击 ⟳· （重做）按钮。

步骤❷ 在弹出的列表中单击要恢复到的操作。必须选择连续的选区，不能跳过列表中的选项。

步骤❸ 单击 ⟳· （重做）按钮。

1.9.3 【相关工具】

撤销和重做除了可以使用工具栏中的 ⟲· （撤销）按钮和 ⟳· （重做）按钮，还可以在"编辑"菜单中选择相应的命令来实现。

1.10 物体的轴心控制

1.10.1 【操作目的】

轴心点是用来定义对象在旋转和缩放时的中心点，使用不同的轴心点会对变换操作产生不同的效果。下面以制作一个几何体简易指南针来介绍物体的轴心控制，如图 1-95 所示。

图 1-95

1.10.2 【操作步骤】

步骤❶ 在前视图中创建文本"N"，使用默认的参数，如图 1-96 所示。

步骤❷ 在工具栏中单击 ⟳ （选择并旋转）按钮，设置轴心类型为 ▣ （使用变换坐标中心），如图 1-97

所示。

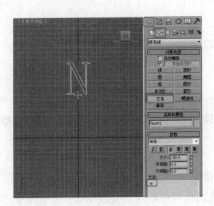

图 1-96

图 1-97

步骤 ❸ 按住 Shift 键和鼠标左键拖曳,将图形旋转 90°,释放鼠标,在弹出的对话框中选中"复制"单选按钮,设置"副本数"为 3,单击"确定"按钮,如图 1-98 所示。

步骤 ❹ 将复制的文本图形分别修改为"E""S""W",如图 1-99 所示。

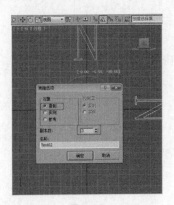

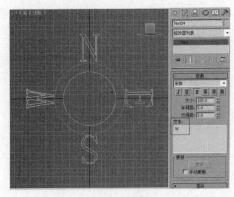

图 1-98

图 1-99

步骤 ❺ 选择这 4 个文本图形,为其施加"挤出"修改器,并设置合适的参数,如图 1-100 所示。

步骤 ❻ 使用同样的方法创建一个箭头,如图 1-101 所示,并为其施加"挤出"修改器,完成模型的创建。

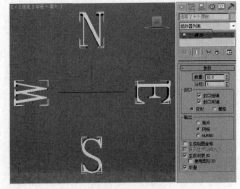

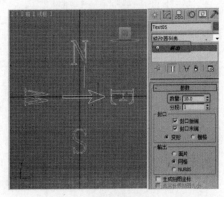

图 1-100

图 1-101

1.10.3　【相关工具】

1．使用轴点中心

单击工具栏中的 ▨（使用轴点中心）按钮，可以使对象围绕各自的轴点旋转或缩放，也可以让对象围绕自身局部轴旋转。

> **提示**
>
> "变换中心"模式的设置基于逐个变换，因此请先选择变换模式，再选择中心模式。

2．使用选择中心

单击工具栏中 ▨（使用选择中心）按钮，可以使对象围绕共同的几何中心旋转或缩放。如果变换多个对象，则计算所有对象的平均几何中心，并将此几何中心作为变换中心。

3．使用变换坐标中心

单击工具栏中的 ▨（使用变换坐标中心）按钮，可以使对象围绕当前坐标系的中心旋转或缩放。

02 第 2 章
几何体的创建

在 3ds Max 2014 中进行场景建模，首先要创建基本模型，通过一些简单模型的组合可以制作比较复杂的三维模型。

课堂学习目标

- ✔ 了解基本几何体模型的设计思路
- ✔ 掌握创建模型常用工具的用法

知识目标

- ✳ 掌握创建标准几何体的工具
- ✳ 掌握创建扩展几何体的工具

能力目标

- ○ 掌握标准几何体的绘制方法
- ○ 掌握扩展几何体的绘制技巧

素养目标

- ✦ 培养对基本几何体模型的设计创意能力

实训目标

- ✦ 圆茶几
- ✦ 时尚圆桌
- ✦ 沙发床
- ✦ 筒式壁灯

2.1 圆茶几

2.1.1 【案例分析】

本案例设计制作一款实木烤漆圆茶几，其中茶几面为圆柱体形状，结合长方体组合出圆茶几模型，整体造型力求简约。

2.1.2 【设计思路】

圆形的桌面体现出茶几柔美的外形，长方体的支架可以将弧线的柔美与直线的刚硬相结合，这样的设计主要是体现现代混搭的风格。最终效果参看云盘中的"场景 >Cha02>2.1 圆茶几 .max"，如图 2-1 所示。

扫码观看
本案例视频

图 2-1

2.1.3 【操作步骤】

步骤❶ 单击"（创建）>（几何体）>标准基本体 > 圆柱体"按钮，在顶视图中创建圆柱体，在"参数"卷展栏中设置"半径"为 700，"高度"为 30，"边数"为 40，如图 2-2 所示。

步骤❷ 单击"（创建）>（几何体）> 标准基本体 > 长方体"按钮，在顶视图中创建长方体，将其作为底部支架模型，在"参数"卷展栏中设置"长度"为 50，"宽度"为 1000，"高度"为 60，如图 2-3 所示。

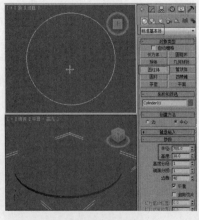

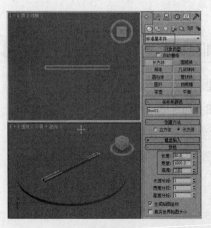

图 2-2　　　　　　　　　　　　　　　　　　　　图 2-3

步骤③ 复制长方体，切换到 ☑（修改）面板，在"参数"卷展栏中设置"长度"为 50，"宽度"
为 50，"高度"为 330，将其调整到合适的位置，如图 2-4 所示。

步骤④ 复制此长方体，并将其调整到合适的位置，如图 2-5 所示。

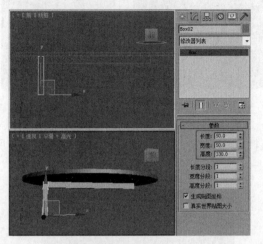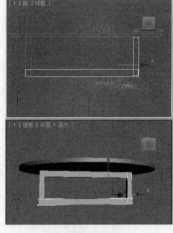

图 2-4   图 2-5

步骤⑤ 将制作出的所有长方体编辑成组并复制，并调整到合适的角度和位置，完成的场景模型如
图 2-6 所示。

 提示

在设置模型旋转时，可以使用 🔒（角度捕捉切换）工具设置旋转操作时的角度变化
间隔，系统默认以 5°为增量进行调整。

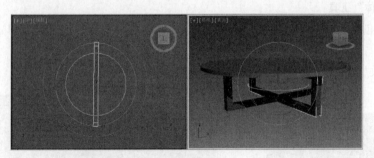

图 2-6

2.1.4 【相关工具】

1. "长方体"工具

（1）通过拖曳鼠标指针创建

单击"📌（创建）> ⚪（几何体）> 标准基本体 > 长方体"按钮，在视图中的任意位置按住
鼠标左键拖曳创建一个矩形面，如图 2-7 所示。释放鼠标，再次拖曳鼠标指针绘制长方体的高度，
如图 2-8 所示。这是最常用的创建方法。

通过拖曳鼠标指针创建长方体，其参数不可能一次就创建正确，可以在"参数"卷展栏中修改，
如图 2-9 所示。

图 2-7

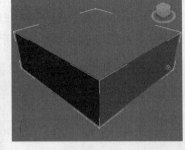
图 2-8

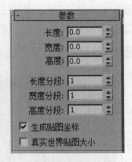
图 2-9

（2）通过键盘输入精确尺寸创建

单击"长方体"按钮，在"键盘输入"卷展栏中输入长方体的长、宽、高的值，如图 2-10 所示，单击"创建"按钮，完成长方体的创建，如图 2-11 所示。

图 2-10

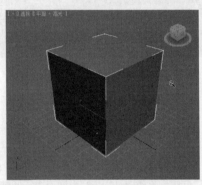
图 2-11

2．"圆柱体"工具

单击" （创建）>   （几何体）>标准基本体 > 圆柱体"按钮，在场景中创建圆柱体，如图 2-12 所示。

展开"参数"卷展栏，参数设置和效果如图 2-13 所示。

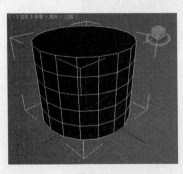
图 2-12

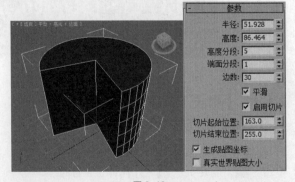
图 2-13

提示

通过调整模型的分段可以设置模型的平滑度，分段值越大，模型越平滑。

2.1.5 【实战演练】方茶几

通过对长方体的移动、复制等操作组合出方茶几的模型。最终效果参看云盘中的"场景 >
Cha02>2.1.5 方茶几 .max",如图 2-14 所示。

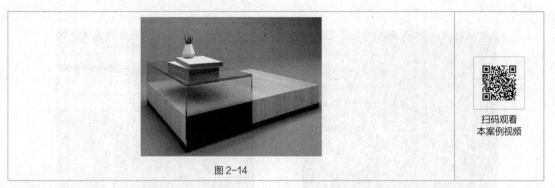

扫码观看
本案例视频

图 2-14

2.2 时尚圆桌

2.2.1 【案例分析】

本案例制作圆桌模型,其中桌面采用圆形的玻璃,使用圆柱体作为支架;在保证圆桌的基本功
能外还添加了圆锥体和圆环作为装饰,使模型更加时尚。

2.2.2 【设计思路】

圆形的桌面配合圆环支架体现出圆桌的柔美弧形,圆锥体的支架犹如要融入地面的雨滴,这样
的设计给人以轻松的感觉。最终效果参看云盘中的"场景 >Cha02>2.2 时尚圆桌 .max",如图 2-15
所示。

扫码观看
本案例视频

图 2-15

2.2.3 【操作步骤】

步骤① 单击" ▓（创建）> ◎（几何体）> 标准基本体 > 圆柱体"按钮,在顶视图中创建圆柱体作
为桌面,并将其命名为"桌面 01"。在"参数"卷展栏中设置"半径"为 180,"高度"为 6,"高
度分段"为 1,"端面分段"为 1,"边数"为 30,如图 2-16 所示。

步骤② 单击"（创建）>（几何体）>标准基本体 > 圆锥体"按钮，在顶视图中创建圆锥体，并将其命名为"锥体支架"。在"参数"卷展栏中设置"半径1"为125，"半径2"为0，"高度"为 -190，"高度分段"为1，使用（选择并移动）工具或（对齐）工具调整模型至合适的位置，如图 2-17 所示。

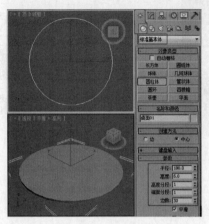

图 2-16

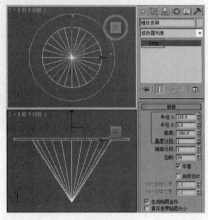

图 2-17

步骤③ 单击"（创建）>（几何体）>标准基本体 > 圆环"按钮，在顶视图中创建圆环模型，并将其命名为"圆环支架"。在"参数"卷展栏中设置"半径1"为162，"半径2"为4，"分段"为30，调整模型至合适的位置，如图 2-18 所示。

步骤④ 单击"（创建）>（几何体）>标准基本体 > 圆柱体"按钮，在顶视图中创建圆柱体，并将其命名为"圆柱支架 01"。在"参数"卷展栏中设置"半径"为14，"高度"为 -3，如图 2-19 所示。

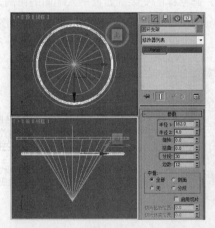

图 2-18

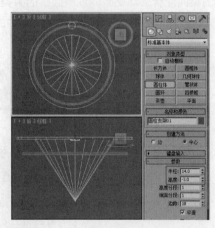

图 2-19

步骤⑤ 复制"圆柱支架 01"模型，调整复制的模型的参数，设置"半径"为8，"高度"为220，调整模型至合适的位置，如图 2-20 所示。

步骤⑥ 使用（选择并移动）工具复制两个"圆柱支架 01"模型。选择这 3 个圆柱支架模型，切换到（层次）面板，在"调整轴"卷展栏中单击"仅影响轴"按钮，在顶视图中调整轴点的位置，如图 2-21 所示。

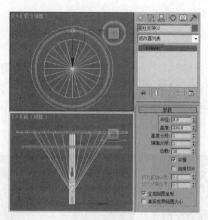

图 2-20   图 2-21

步骤⑦ 确认顶视图处于激活状态，在菜单栏中选择"工具 > 阵列"命令，弹出"阵列"对话框，选择以"z"轴为中心将模型向右旋转 360°，设置"数量"为 3，单击"确定"按钮，如图 2-22 所示。

步骤⑧ 阵列后的模型效果如图 2-23 所示。

步骤⑨ 在圆柱体与圆环的连接位置创建球体，并将其命名"球体装饰 01"，在"参数"卷展栏中设置"半径"为 10，如图 2-24 所示。

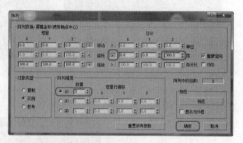

图 2-22

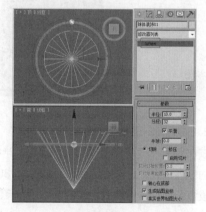

图 2-23   图 2-24

步骤⑩ 复制球体装饰模型，并调整至合适位置，最终效果如图 2-25 所示。

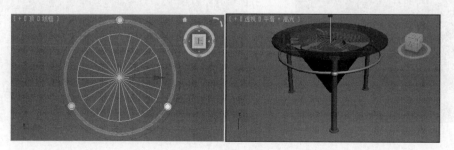

图 2-25

2.2.4　【相关工具】

1．"圆锥体"工具

单击"（创建）> （几何体）> 标准基本体 > 圆锥体"按钮，在场景中拖曳鼠标指针设置圆锥体的"半径1"，如图 2-26 所示。释放鼠标，移动鼠标指针创建圆锥体的高度，如图 2-27 所示，单击确定圆锥体的高度。再次拖曳鼠标指针设置圆锥体的"半径2"，如图 2-28 所示，单击视图的任意位置，完成圆锥体的创建。

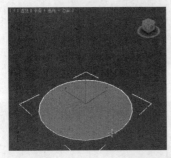　　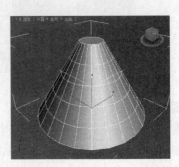

图 2-26　　　　　　　　　　　　图 2-27　　　　　　　　　　　　图 2-28

在"参数"面板中设置参数，如图 2-29 所示。

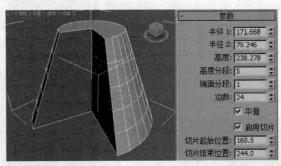

图 2-29

2．"圆环"工具

按住鼠标左键并拖曳鼠标指针确定"半径1"，释放鼠标并拖曳鼠标指针设置"半径2"，单击视图的任意位置完成圆环的创建，如图 2-30 所示。

设置圆环的参数及效果如图 2-31 所示。

　　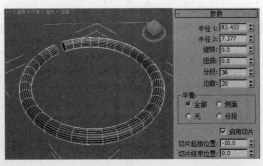

图 2-30　　　　　　　　　　　　　　　　图 2-31

2.2.5 【实战演练】木圆桌

使用"圆柱体"工具制作桌面,使用"圆锥体"工具制作支架,调整合适的参数和比例,组合完成木圆桌的绘制。最终效果参看云盘中的"场景 >Cha02>2.2.5 木圆桌 .max",如图 2-32 所示。

图 2-32

扫码观看
本案例视频

2.3 沙发床

2.3.1 【案例分析】

本案例将设计制作一款简约的中式沙发床,床架本身使用实木,使用简单的几何模型组合出具有支撑功能的支架后,使用平滑的模型作为垫子,使整个模型看起来既简约又不失舒适。

2.3.2 【设计思路】

长方体组合出的沙发床支架,搭配切角长方体制作的沙发床垫,添加一些布艺软装,使生硬的木制家具看起来不会特别呆板,更添一份温馨。最终效果参看云盘中的"场景 >Cha02>2.3 沙发床 .max",如图 2-33 所示。

图 2-33

扫码观看
本案例视频

2.3.3 【操作步骤】

步骤① 单击"（创建）>（几何体）>标准基本体 > 长方体"按钮,在顶视图中创建长方体。在"参数"卷展栏中设置"长度"为 200,"宽度"为 120,"高度"为 10,如图 2-34 所示。

步骤② 单击"（创建）>（图形）>标条线 > 线"按钮,在前视图中创建图形,如图 2-35 所示。

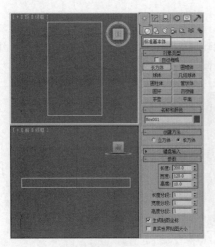
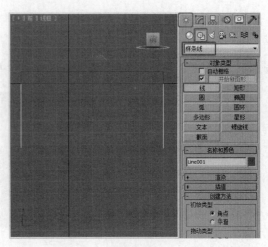

图 2-34　　　　　　　　　　　　　　　　　　　图 2-35

步骤③ 切换到 ☑（修改）面板，将选择集定义为"样条线"。在"几何体"卷展栏中单击"轮廓"按钮，在前视图中为图形设置轮廓，如图 2-36 所示。

步骤④ 为图形施加"挤出"修改器，在"参数"卷展栏中设置"数量"为 10，并调整模型至合适的位置，如图 2-37 所示。

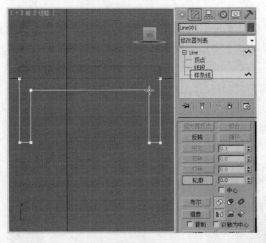
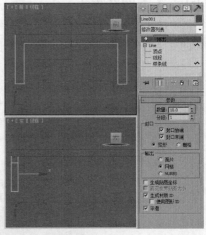

图 2-36　　　　　　　　　　　　　　　　　　　图 2-37

步骤⑤ 选择挤出的模型，按快捷键 Ctrl+V 复制模型，如图 2-38 所示。

步骤⑥ 在 ☑（修改）面板中选择"挤出"修改器，并单击 ⊟（从堆栈中移除修改器）按钮。在弹出的对话框中将"线"的选择集定义为"顶点"，在前视图中调整顶点位置，如图 2-39 所示。

步骤⑦ 为图形施加"挤出"修改器，在"参数"卷展栏中设置"数量"为 10，如图 2-40 所示。

步骤⑧ 单击" ✲（创建）> ☑（图形）>样条线>线"按钮，在右视图中创建图形，如图 2-41 所示。

步骤⑨ 切换到 ☑（修改）面板，将选择集定义为"样条线"。在"几何体"卷展栏中单击"轮廓"按钮，在右视图中设置轮廓，如图 2-42 所示。

步骤⑩ 为图形施加"挤出"修改器，在"参数"卷展栏中设置"数量"为 5，并在视图中调整模型位置，如图 2-43 所示。

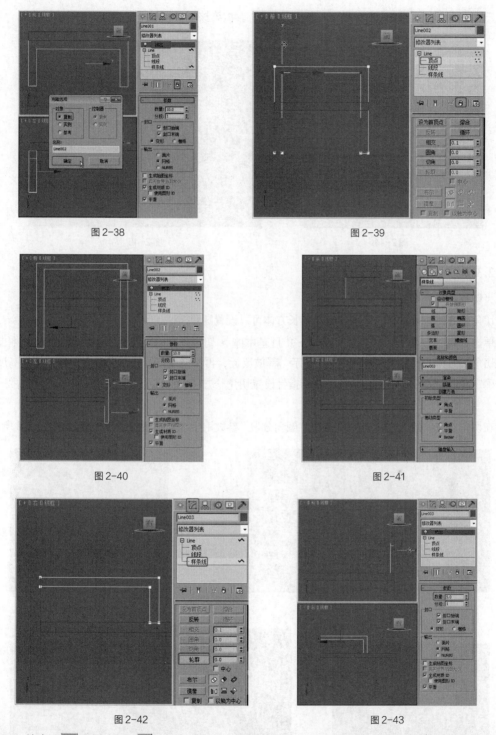

图 2-38

图 2-39

图 2-40

图 2-41

图 2-42

图 2-43

步骤 ⑪ 单击 " ▲（创建）> ○（几何体）> 扩展基本体 > 切角长方体" 按钮，创建切角长方体。在 "参数" 卷展栏中设置 "长度" 为 200，"宽度" 为 115，"高度" 为 15，"圆角" 为 4，"圆角分段" 为 3，如图 2-44 所示。

步骤 ⑫ 完成的场景模型可以参考云盘中的 "场景 >Cha02> 沙发床 .max"。场景效果可以参考随书附带云盘中的"场景 >Cha02 > 沙发床场景 .max"。渲染该场景可以得到图 2-45 所示的效果。

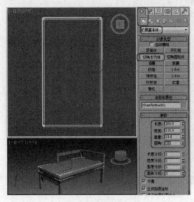

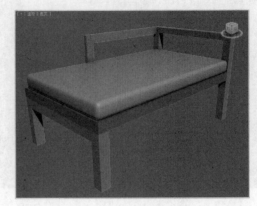

图 2-44   图 2-45

2.3.4 【相关工具】

"切角长方体"工具

切角长方体与长方体的区别在于切角长方体可以设置圆角。

单击"（创建）> ⬡（几何体）> 扩展基本体 > 切角长方体"按钮，按住鼠标左键并拖曳，设置切角长方体的长和宽，如图 2-46 所示。释放鼠标，再次拖曳鼠标指针设置切角长方体的高度，单击确定高度，如图 2-47 所示，移动鼠标指针设置切角长方体的圆角，再次单击结束创建，如图 2-48 所示。

在切角长方体的"参数"卷展栏中，"圆角分段"参数用于设置圆角的平滑程度，如图 2-49 所示。

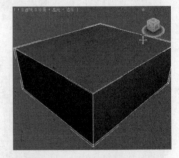

图 2-46   图 2-47

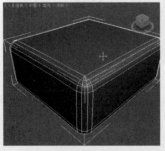

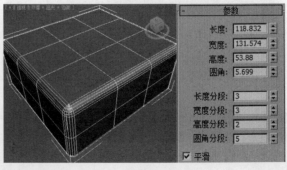

图 2-48   图 2-49

2.3.5 【实战演练】柜子

创建切角长方体、复制圆柱体并调整位置和参数，结合使用"线"工具和"挤出"修改器，完成柜子模型的制作，最终效果参看云盘中的"场景 >Cha02>2.3.5 柜子 .max"，如图 2-50 所示。

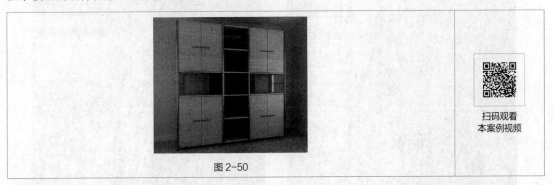

图 2-50

扫码观看
本案例视频

2.4 筒式壁灯

2.4.1 【案例分析】

本案例设计筒式壁灯的模型。筒式壁灯顾名思义就是筒状墙壁灯具，在设计时，将灯罩设计为筒状透明的玻璃灯罩，另外还采用不锈钢支架使其更加具有现代气息。

2.4.2 【设计思路】

使用管状体制作灯罩，使用胶囊制作灯泡，使用圆柱体制作底座、灯托和灯罩支架，使用切角圆柱体制作连接装饰，使筒式壁灯既符合室内的要求，又具有现代气息。最终效果参看云盘中的"场景 >Cha02> 2.4 筒式壁灯 .max"，如图 2-51 所示。

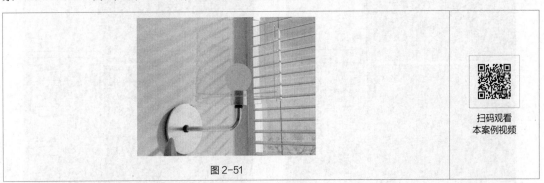

图 2-51

扫码观看
本案例视频

2.4.3 【操作步骤】

步骤① 单击"（创建）>（几何体）> 标准基本体 > 管状体"按钮，在顶视图中创建管状体作为灯罩。在"参数"卷展栏中设置"半径 1"为 150，"半径 2"为 155，"高度"为 240，"高度分段"为 1，"端面分段"为 1，"边数"为 32，如图 2-52 所示。

步骤② 单击"（创建）>（几何体）> 标准基本体 > 圆柱体"按钮，在前视图中创建圆柱体作为灯座。在"参数"卷展栏中设置"半径"为100，"高度"为10，"高度分段"为1，"端面分段"为1，"边数"为30，调整模型至合适的位置，如图 2-53 所示。

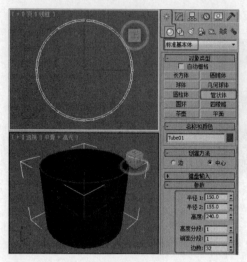

图 2-52

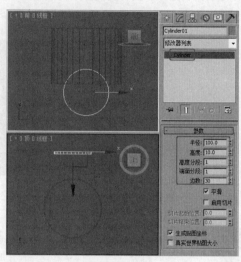

图 2-53

步骤③ 在顶视图中创建圆柱体作为灯托，在"参数"卷展栏中设置"半径"为30，"高度"为50，"边数"为30，在场景中调整模型的位置，如图 2-54 所示。

步骤④ 单击"⚹（创建）> ◯（几何体）> 扩展基本体 > 胶囊"按钮，在顶视图中创建胶囊作为灯管模型。在"参数"卷展栏中设置"半径"为18，"高度"为150，"边数"为12，调整模型至合适的位置，如图 2-55 所示。

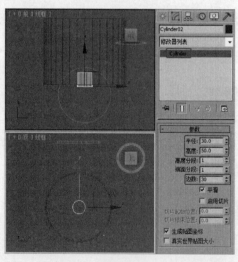

图 2-54

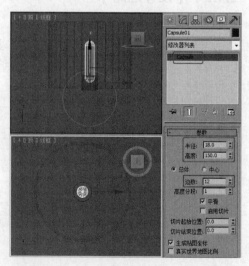

图 2-55

步骤⑤ 在前视图中创建圆柱体作为灯罩支架，在"参数"卷展栏中设置"半径"为2，"高度"为125，"边数"为18，调整模型至合适的位置，如图 2-56 所示。

步骤⑥ 切换到 ⚏（层次）面板，在"调整轴"卷展栏中单击"仅影响轴"按钮，在顶视图中调整轴点的位置，如图 2-57 所示，设置完成后再次单击"仅影响轴"按钮。

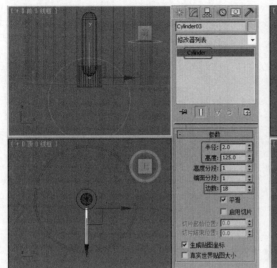

图 2-56

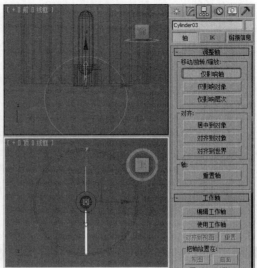

图 2-57

步骤 ❼ 在工具栏中单击 ◑（选择并旋转）按钮和 ◢（角度捕捉切换）按钮，在顶视图中使用旋转复制法复制模型，旋转至120°时释放鼠标，在弹出的对话框中设置"副本数"为2，单击"确定"按钮，如图 2-58 所示。

步骤 ❽ 单击"✳（创建）> ◔（图形）> 样条线 > 线按钮，在左视图中创建图 2-59 所示的线。

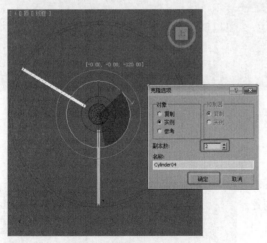

图 2-58

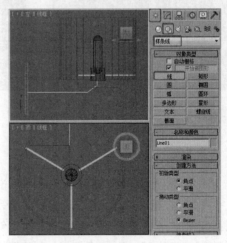

图 2-59

步骤 ❾ 切换到 ◪（修改）面板，将"Line"（线）的选择集定义为"顶点"。用鼠标右键单击需要调整的顶点，在弹出的快捷菜单中选择"Bezier 角点"命令，通过调整控制柄调整顶点，如图 2-60 所示。

步骤 ❿ 关闭选择集，在"渲染"卷展栏中勾选"在渲染中启用"和"在视口中启用"复选框，设置"渲染"类型为"径向"，设置"厚度"为 20，如图 2-61 所示。

步骤 ⓫ 单击"✳（创建）> ◎（几何体）> 扩展基本体 > 切角圆柱体"按钮，在前视图中创建切角圆柱体作为连接装饰。在"参数"卷展栏中设置"半径"为 15，"高度"为 10，"圆角"为 5，"圆角分段"为 3，"边数"为 20，设置完成后调整模型至合适的位置，如图 2-62 所示。

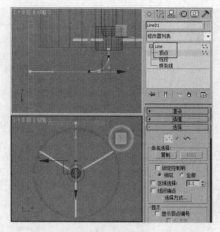

图 2-60

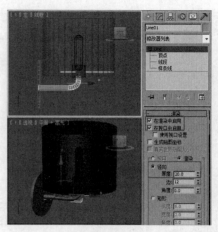

图 2-61

步骤 ⑫ 复制连接装饰模型，调整模型的角度和位置，最终效果如图 2-63 所示。

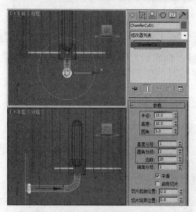

图 2-62

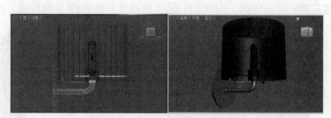

图 2-63

2.4.4 【相关工具】

1."管状体"工具

单击"■（创建）>▣（几何体）> 标准基本体 > 管状体"按钮，在场景中拖曳鼠标指针创建出管状体的"半径 1"，再次拖曳鼠标指针创建出管状体的"半径 2"，拖曳鼠标指针创建管状体的高，然后在视图空白处单击完成管状体的创建，如图 2-64 所示。

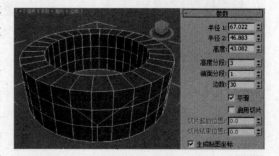

图 2-64

2."胶囊"工具

单击"■（创建）>▣（几何体）> 扩展基本体 > 胶囊"按钮，在场景中拖曳鼠标指针创建胶囊球体半径，设置完成后释放鼠标，再次拖曳鼠标指针创建胶囊的高，如图 2-65 所示。

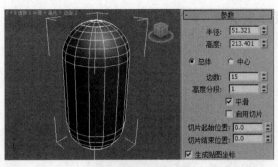

图 2-65

3. "切角圆柱体"工具

切角圆柱体与圆柱体的区别在于切角圆柱体可以设置圆角。

单击"🔆（创建）> ⚪（几何体）> 扩展基本体 > 切角圆柱体"按钮，在场景中按住鼠标左键并拖曳创建出切角圆柱体的半径，如图 2-66 所示。释放鼠标，再次拖曳鼠标指针创建切角圆柱体的高度，单击确定高度，如图 2-67 所示。移动鼠标指针创建切角圆柱体的圆角，再次单击结束创建，如图 2-68 所示。

在切角圆柱体的"参数"卷展栏中，设置"圆角分段"的值可以调整圆角的平滑程度，设置"边数"的值可以调整边的平滑程度，如图 2-69 所示。

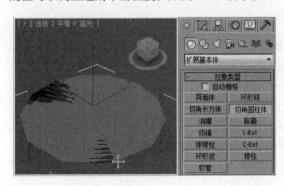

图 2-66

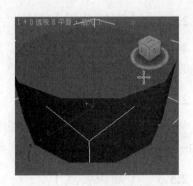

图 2-67

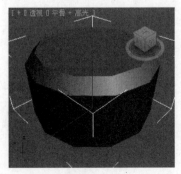

图 2-68

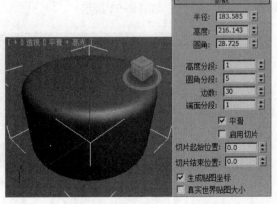

图 2-69

2.4.5 【实战演练】坐垫

本案例使用"切角圆柱体"工具制作坐垫，最终效果参看云盘中的"Cha02 > 效果 > 2.4.5 坐垫 .max"，如图 2-70 所示。

图 2-70

扫码观看
本案例视频

2.5 综合演练——地柜

2.5.1 【案例分析】

本案例介绍地柜模型的制作方法，通过制作简单的长方体形状的外框，并在框内设计制作不同颜色的抽屉，使其具有层次感和时尚感。

2.5.2 【设计思路】

制作一个简约的地柜模型，需要使用长方体组合沙发床支架，搭配切角长方体制作的沙发床垫，添加一些布艺软装，使生硬的木制家具看起来不会特别呆板，更添一份温馨。

2.5.3 【知识要点】

创建长方体，结合使用"编辑多边形"修改器，组合出地柜。最终效果参看云盘中的"Cha02>效果 >2.5 地柜 .max"，如图 2-71 所示。

图 2-71

扫码观看
本案例视频

2.6 综合演练——圆凳

2.6.1 【案例分析】

本案例设计圆凳模型，圆凳的凳面采用布料制作，使用斜撑来固定和支撑圆凳模型，使其具有简约的效果。

2.6.2 【设计思路】

圆凳的设计初衷是占地要小，支撑要牢，所以设计斜撑的支架，并使用舒适的圆角模型作为坐垫，充分展现圆凳的舒适和稳固效果。

2.6.3 【知识要点】

创建切角圆柱体制作圆凳坐垫模型，创建长方体，并调整长方体的角度，复制长方体作为圆凳的腿，完成的圆凳舒适、简约、大方。最终效果参看云盘中的"Cha02> 效果 >2.6 圆凳 .max"，如图 2-72 所示。

扫码观看
本案例视频

图 2-72

03

第 3 章
二维图形的创建

　　本章将介绍二维图形的创建和参数的修改方法。本章对线的创建方法和修改方法会进行重点介绍。读者通过学习本章内容，可掌握创建二维图形的方法和技巧，并能根据实际需要绘制出精美的二维图形。

课堂学习目标

- ✔ 了解二维图形的创建方法
- ✔ 掌握二维图形的编辑方法

知识目标

- ✳ 了解创建二维图形的常用工具
- ✳ 了解二维图形参数的修改方法

能力目标

- ◉ 掌握二维图形的创建
- ◉ 掌握二维图形的参数修改

素养目标

- ✦ 培养对二维图形的设计创意能力

实训目标

- ✦ 中式画框
- ✦ 调料架
- ✦ 便签夹

3.1 中式画框

3.1.1 【案例分析】

本案例设计中式画框，画框的边框采用中式花格制作，整体色调偏黑灰，使整个模型具有古典、华贵的效果。

3.1.2 【设计思路】

创建可渲染的矩形和线来模拟制作中式雕刻的图案，充分体现中式风格的庄重效果。模型效果参看云盘中的"场景 >Cha03>3.1 中式画框 .max"，如图 3-1 所示。

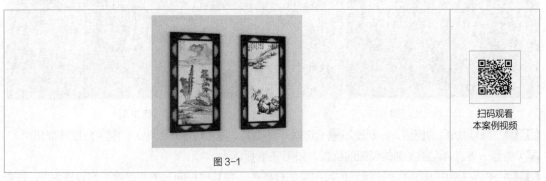

扫码观看
本案例视频

图 3-1

3.1.3 【操作步骤】

步骤① 单击"（创建）> （图形）> 样条线 > 矩形"按钮，在前视图中创建可渲染的矩形。在"参数"卷展栏中设置"长度"为 280，"宽度"为 140。在"渲染"卷展栏中勾选"在渲染中启用"和"在视口中启用"复选框，设置"径向"的"厚度"为 6，如图 3-2 所示。

步骤② 在前视图中创建可渲染的矩形，在"参数"卷展栏中设置"长度"为 245，"宽度"为 105。在"渲染"卷展栏中勾选"在渲染中启用"和"在视口中启用"复选框，设置"径向"的"厚度"为 5，调整模型至合适的位置，如图 3-3 所示。

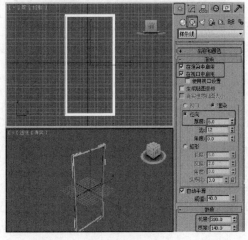

图 3-2

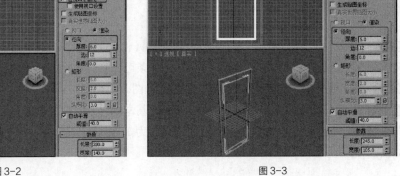

图 3-3

步骤③ 在前视图中创建图 3-4 所示的可渲染的样条线，将其"径向"的"厚度"均设置为 2，勾选"在渲染中启用"和"在视口中启用"复选框，并调整线的位置。

步骤④ 选择其中一条可渲染的样条线，切换到 🖊（修改）面板，将选择集定义为"样条线"，在"几何体"卷展栏中单击"附加"按钮，附加其他几条可渲染的线，如图 3-5 所示。

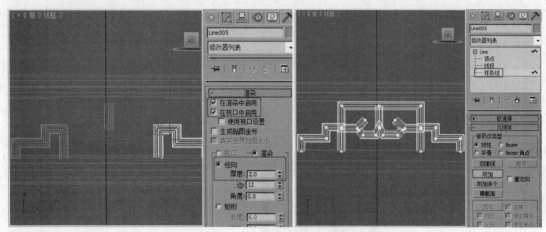

图 3-4　　　　　　　　　　　　　　　　　　　　　　　　图 3-5

步骤⑤ 复制附加后的模型，分别使用 ✥（选择并移动）、◯（选择并旋转）、▲（角度捕捉切换）、▥（镜像）等工具调整复制的模型的位置，如图 3-6 所示。

步骤⑥ 在前视图中创建图 3-7 所示的可渲染的样条线，将其"径向"的"厚度"均设置为 2，并调整线的位置。

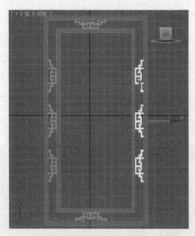
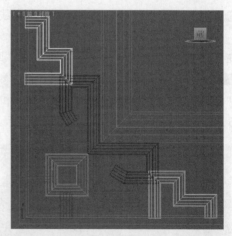

图 3-6　　　　　　　　　　　　　　　　　　　　　　　　图 3-7

步骤⑦ 选择其中一条可渲染的样条线，切换到 🖊（修改）面板，将选择集定义为"样条线"，在"几何体"卷展栏中单击"附加"按钮，附加其他几条可渲染的线，如图 3-8 所示。

步骤⑧ 复制模型，并调整模型至合适的位置，如图 3-9 所示。

步骤⑨ 单击" ✥（创建）> ◯（几何体）> 标准基本体 > 长方体"按钮，在前视图中创建长方体。在"参数"卷展栏中设置"长度"为 245，"宽度"为 105，"高度"为 0.5，并调整模型至合适的位置，如图 3-10 所示。

步骤 ⑩ 复制中式画框模型，并调整模型的位置，最终效果如图 3-11 所示。

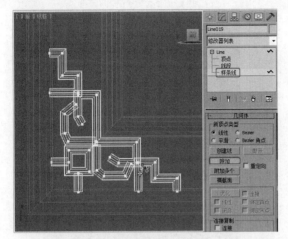

图 3-8

图 3-9

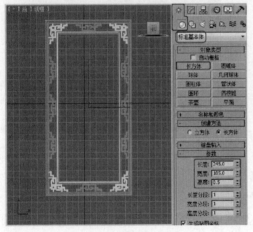

图 3-10

图 3-11

3.1.4　【相关工具】

1．"线"工具

线是创建二维图形的基础。"线"的参数与"可编辑样条线"的参数相同，其他的二维图形基本都是使用"可编辑样条线"命令或"编辑样条线"修改器来编辑的。

通过"线"可以创建出任何形状的图形，包括开放型和封闭型的样条线。创建线后，还可以调整顶点、线段和样条线来编辑形态。下面介绍线的创建及其参数的设置方法。

（1）创建样条线

单击"❖（创建）> ⬚（图形）> 样条线 > 线"按钮，在场景中单击创建线的第一点，如图 3-12所示，移动鼠标指针并单击创建第 2 个点，如图 3-13 所示。如果要创建闭合图形，可以将鼠标指针移到第 1 个顶点上单击，弹出图 3-14 所示的对话框，单击"是"按钮，即可创建闭合的样条线。若要创建非闭合的样条线，在创建完最后一个点后，单击鼠标右键即可完成创建。

单击"❖（创建）> ⬚（图形）> 样条线 > 线"按钮，按住鼠标左键在场景中拖曳，绘制出的就是一条弧线，如图 3-15 所示。

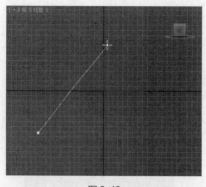

图 3-12

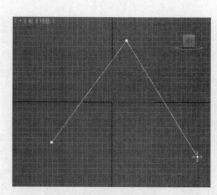

图 3-13

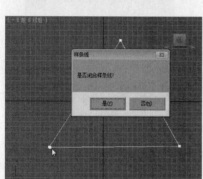

图 3-14

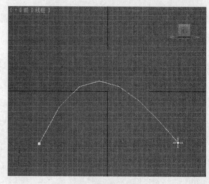

图 3-15

（2）通过"修改"面板修改图形的形状

使用"线"工具创建闭合图形后，切换到 ![修改图标]（修改）面板，将"Line"（线）的选择集定义为"顶点"，调整顶点可以改变图形的形状，如图 3-16 所示。

选择需要调整的顶点，单击鼠标右键，弹出图 3-17 所示的快捷菜单，从中可以选择顶点的调节方式。

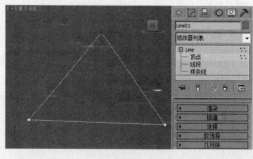

图 3-16

图 3-17

图 3-18 所示为在快捷菜单中选择了"Bezier 角点"命令的效果，图形顶点处出现两个控制手柄，可以分别调整这两个控制手柄来调整两边线段的弧度。

图 3-19 所示为在快捷菜单中选择了"Bezier"命令的效果，线段处出现两个控制手柄，这两个控制手柄是相互关联的。

图 3-20 所示为在快捷菜单中选择了"平滑"命令的效果，平滑顶点处没有控制手柄，而是将连接顶点的两个线段转换为了曲线，且将顶点处进行了平滑处理。

提示　调整图形的形状后图形会变得不是很平滑，可以在"差值"卷展栏中设置"步数"来进一步调整图形。

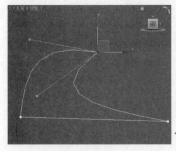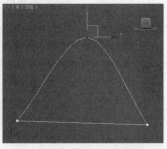

图 3-18　　　　　　　　　　　图 3-19　　　　　　　　　　　图 3-20

2．"矩形"工具

矩形的创建方法非常简单，单击" （创建）> （图形）>样条线 > 矩形"按钮，按住鼠标左键在场景中拖曳即可创建矩形，释放鼠标完成矩形的创建，如图 3-21 所示。

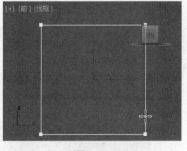

图 3-21

3.1.5 【实战演练】回形针

回形针是常用的办公用品，它的造型一般比较简单，主要使用可渲染的样条线来完成。模型效果参看云盘中的"场景 >Cha03>3.1.5 回形针 .max"，如图 3-22 所示。

扫码观看
本案例视频

图 3-22

3.2 调料架

3.2.1 【案例分析】

本案例要设计简约的弧形调料架模型，在弧形的结构上设计一些圆环，作为放置调料瓶的钢圈，使模型的外形流畅、美观，达到简约、时尚的效果。

3.2.2　【设计思路】

　　柔美的弧形给人以轻松、舒适、自然的感觉，搭配没有棱角的圆和球体，使整个调料架给人一种随性和时尚的感觉。模型效果参看云盘中的"云盘 >Cha03>3.2 调料架 .max"，如图 3-23 所示。

扫码观看
本案例视频

图 3-23

3.2.3　【操作步骤】

　　步骤 ① 单击"💠（创建）> 🖊（图形）> 样条线 > 弧"按钮，按住鼠标左键在前视图中拖曳创建弧，然后释放鼠标，移动鼠标指针调整弧的大小，最后单击完成弧的创建，如图 3-24 所示，设置合适的参数，并设置其可渲染。

　　步骤 ② 单击"💠（创建）> 🖊（图形）> 样条线 > 椭圆"按钮，设置合适的参数，在顶视图中创建可渲染的椭圆，如图 3-25 所示。

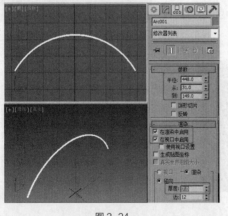

图 3-24

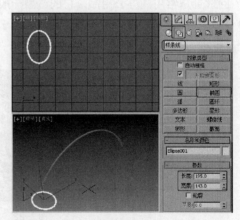

图 3-25

　　步骤 ③ 单击"💠（创建）> 🖊（图形）> 样条线 > 圆"按钮，在顶视图中创建可渲染的圆，如图 3-26 所示。

　　步骤 ④ 在场景中调整模型的位置，如图 3-27 所示。

　　步骤 ⑤ 单击"💠（创建）> 🖊（图形）> 样条线 > 线"按钮，在顶视图中创建可渲染的样条线，如图 3-28 所示。

　　步骤 ⑥ 在顶视图中复制模型，并在其他视图中调整模型的位置，如图 3-29 所示。

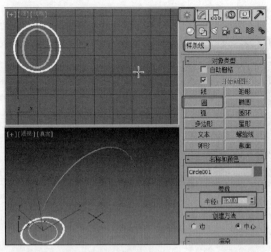
图 3-26

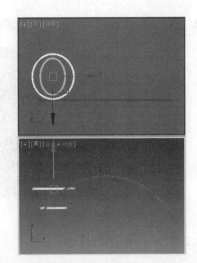
图 3-27

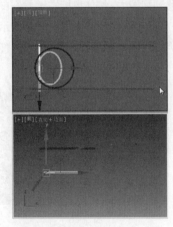
图 3-28

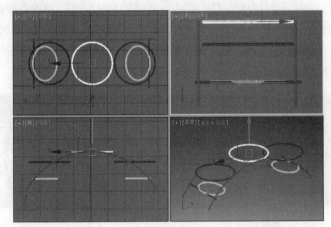
图 3-29

步骤⑦ 创建椭圆，并设置合适的参数，如图 3-30 所示。

步骤⑧ 单击"（创建）>（几何体）>标准基本体 > 球体"按钮，在顶视图中创建球体，并设置合适的参数，如图 3-31 所示。

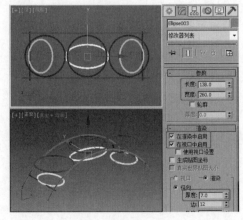
图 3-30

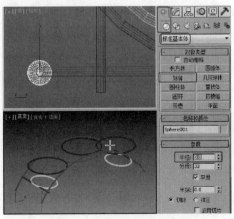
图 3-31

步骤⑨ 调整模型的位置，完成调料架的制作，如图 3-32 所示。

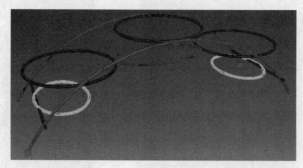

图 3-32

3.2.4 【相关工具】

1. "弧"工具

单击"（创建）>（图形）>样条线>弧"按钮，将鼠标指针移到视图中，按住鼠标左键并拖曳，视图中生成一条直线，如图 3-33 所示。释放鼠标并移动鼠标指针，调整弧的大小，如图 3-34 所示，在适当的位置单击，弧创建完成，如图 3-35 所示。图 3-35 所示为以"端点－端点－中央"方式创建的弧。

图 3-33   图 3-34   图 3-35

2. "圆"和"椭圆"工具

单击"（创建）>（图形）>样条线 > 圆"按钮，将鼠标指针移到视图中，按住鼠标左键拖曳，在视图中生成一个圆，移动鼠标指针调整圆的大小，在适当的位置释放鼠标，圆创建完成，如图 3-36 所示。单击"（创建）>（图形）>样条线 > 椭圆"按钮，在视口中按住并拖曳鼠标指针即可创建椭圆，如图 3-37 所示。

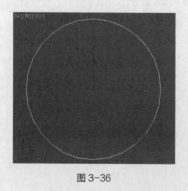

图 3-36

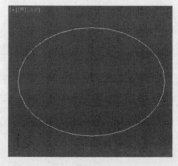

图 3-37

3.2.5 【实战演练】扇形画框

创建可渲染的弧和线，通过弧和线的组合来完成扇形画框的制作。模型效果参看云盘中的"场景 >Cha03>3.2.5 扇形画框 .max"，如图 3-38 所示。

扫码观看
本案例视频

图 3-38

3.3 便签夹

3.3.1 【案例分析】

本案例设计制作便签夹模型，便签夹的主体采用螺旋线创建，这样既可以节省夹子材料，又可以多放便签。

3.3.2 【设计思路】

使用"螺旋线"工具创建便签夹的支架，使用切角长方体制作底座，结合使用"编辑样条线修改器"调整螺旋线的形状。模型效果参看云盘中的"场景 >Cha03>3.3 便签夹 .max"，如图 3-39 所示。

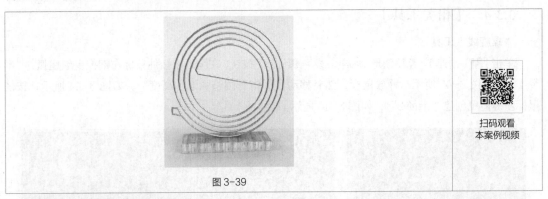

扫码观看
本案例视频

图 3-39

3.3.3 【操作步骤】

步骤 01 单击"　（创建）> 　（图形）> 样条线 > 螺旋线"按钮，在前视图中创建螺旋线。在"参数"卷展栏中设置"半径 1"为 90，"半径 2"为 50，"高度"为 0，"圈数"为 5，"偏移"为 0。在"渲染"卷展栏中勾选"在渲染中启用"和"在视口中启用"复选框，设置"厚度"为 3，如图 3-40 所示。

步骤② 切换到 (修改)面板,在"修改器列表"中选择"编辑样条线"修改器,将选择集定义为"顶点",在前视图中调整螺旋线的顶点,如图 3-41 所示。

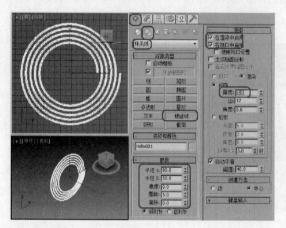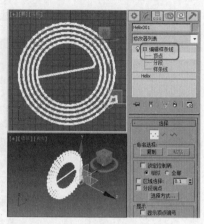

图 3-40　　　　　　　　　　　　　　图 3-41

步骤③ 调整好螺旋线的形状后,在顶视图中创建切角长方体,在"参数"卷展栏中设置"长度"为 45,"宽度"为 138,"高度"为 15,"圆角"为 2,"圆角分段"为 2,如图 3-42 所示。

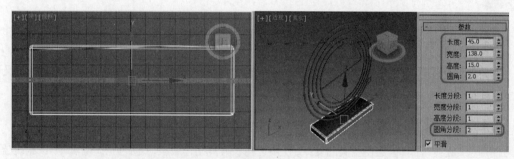

图 3-42

3.3.4 【相关工具】

"螺旋线"工具

单击"(创建)> (图形)>样条线 > 螺旋线"按钮,在场景中按住鼠标左键拖曳创建弧的"半径 1",如图 3-43 所示。释放鼠标,然后移动鼠标指针调整弧的"高度",如图 3-44 所示,按住鼠标左键拖曳创建"半径 2",如图 3-45 所示。

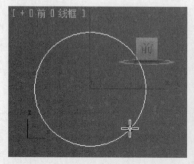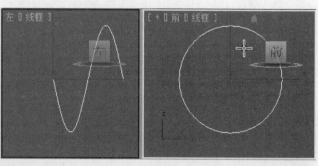

图 3-43　　　　　　　　　　　　　　图 3-44

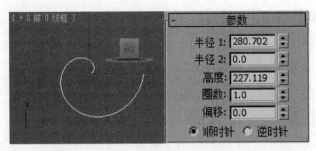

图 3-45

3.3.5 【实战演练】螺丝

使用圆柱体绘制螺丝帽和螺丝的主体部分,使用螺旋线模拟出螺丝中的螺纹,通过调整参数、位置等组合出螺丝模型。模型效果参看云盘中的"场景 >Cha03>3.3.5 螺丝 .max",如图 3-46 所示。

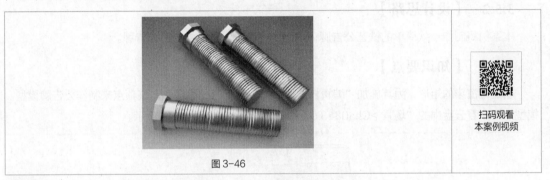

扫码观看
本案例视频

图 3-46

3.4 综合演练——吧凳

3.4.1 【案例分析】

本案例要设计一款时尚简约的吧凳模型,其中坐垫采用颜色鲜艳的亮点点缀,支架使用铁艺工艺,使其具有时尚元素,且具有简约效果。

3.4.2 【设计思路】

本案例主要使用圆柱体、圆环工具,通过调整参数、位置来创建吧凳模型。参考模型效果如图 3-47 所示。

扫码观看
本案例视频

图 3-47

3.4.3 【知识要点】

吧凳的坐垫使用切角圆柱体制作，吧凳的框架使用可渲染的圆环和圆柱组合而成的，模型效果参看云盘中的"场景 >Cha03>3.4 吧凳 .max"。

3.5 综合演练——公告牌

3.5.1 【案例分析】

本案例设计制作一款简易的铁艺公告牌，采用简约的铁艺圆管作为支架，制作出简单又大方的铁艺公告牌。

3.5.2 【设计思路】

本案例将制作一款简单的铁艺公告牌，铁艺公告牌是较常见的一种公告牌。

3.5.3 【知识要点】

创建可渲染的矩形，为其施加"编辑样条线"修改器，通过添加和调整顶点来制作公告牌模型。模型效果参看云盘中的"场景 >Cha03>3.5 公告牌 .max"，如图 3-48 所示。

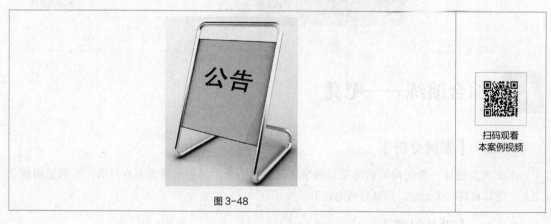

图 3-48

扫码观看
本案例视频

04

第 4 章
三维模型的创建

现实中的物体造型是千变万化的，当简单的几何体和线型无法满足需要时，我们可以结合使用三维模型中的修改器来完成复杂模型的制作，3ds Max 2014 提供了很多三维修改器命令，通过这些修改器命令几乎可以修改所有创建的模型。

课堂学习目标

- ✓ 了解将二维图形转换为三维模型的常用修改器
- ✓ 掌握常用的三维模型修改器的使用方法

知识目标

- ✳ 了解三维模型的常用修改器

能力目标

- ◯ 掌握常用三维模型修改器的使用方法

素养目标

- ✦ 培养对三维模型的设计创意能力

实训目标

- ✦ 收纳盒
- ✦ 盘子
- ✦ 高脚杯
- ✦ 沙漏

4.1　收纳盒

4.1.1　【案例分析】

本案例需要设计一款实用又美观的收纳盒，使用较为柔和的线条组合出"X"形状的铁艺支架，使用蓝色布艺材料来制作储物盒，如图 4-1 所示。

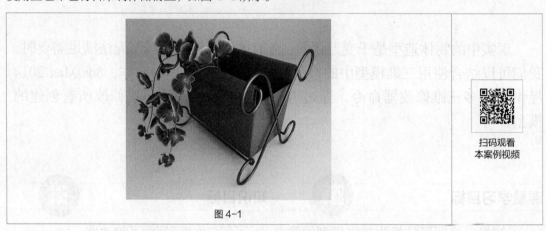

扫码观看
本案例视频

图 4-1

4.1.2　【设计思路】

创建可渲染的样条线，使用"编辑样条线"对可渲染的样条线进行修改，调整出收纳盒支架。使用同样的方法调整出收纳盒盒体，使用"挤出"修改器、"对称"修改器，以及"编辑多边形"修改器进行调整，调整出收纳盒的模型。模型效果参看云盘中的"场景 >Cha04>4.1 收纳盒 .max"。

4.1.3　【操作步骤】

步骤① 单击" （创建）> （图形）> 样条线 > 线"按钮，在前视图中移动鼠标指针，单击固定线顶点的位置，绘制图 4-2 所示的样条线，单击鼠标右键完成线的创建。

步骤② 切换到 （修改）面板，在修改器堆栈中将选择集定义为"顶点"，调整样条线的顶点，如图 4-3 所示。

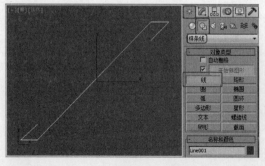

图 4-2

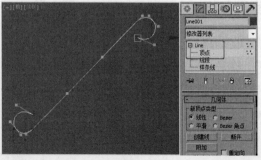

图 4-3

步骤③ 按快捷键 Ctrl+A，全选顶点后，单击鼠标右键，在弹出的快捷菜单中选择"Bezier 角点"命令，将所有顶点转换为 Bezier 角点，如图 4-4 所示，调整顶点的控制柄以调整样条线的形状。

步骤 ④ 调整好形状后，在"插值"卷展栏中设置"步数"为 12，如图 4-5 所示，这样可以使图形更加平滑。

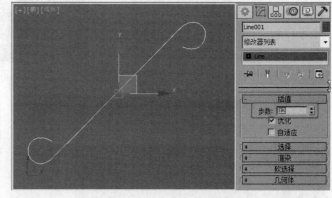

图 4-4　　　　　　　　　　　　　　　　图 4-5

步骤 ⑤ 选择样条线，在"渲染"卷展栏中勾选"在渲染中启用"和"在视口中启用"复选框，并设置合适的"厚度"，如图 4-6 所示。

步骤 ⑥ 将选择集定义为"样条线"，在"几何体"卷展栏中勾选"连接复制"选项组中的"连接"复选框，如图 4-7 所示。

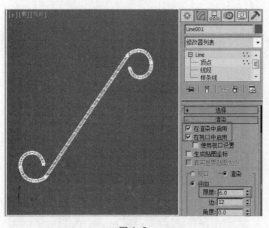
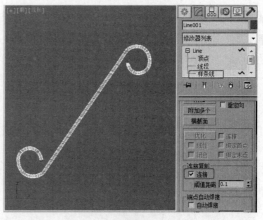

图 4-6　　　　　　　　　　　　　　　　图 4-7

步骤 ⑦ 将选择集定义为"样条线"，在顶视图中按住 Shift 键移动复制样条线，如图 4-8 所示。

步骤 ⑧ 将选择集定义为"线段"，删除多余的线段，如图 4-9 所示。

步骤 ⑨ 将选择集定义为"顶点"，按快捷键 Ctrl+A，全选顶点，在"几何体"卷展栏中单击"焊接"按钮，焊接顶点，如图 4-10 所示。

步骤 ⑩ 单击"优化"按钮，在图 4-11 所示的位置优化顶点。

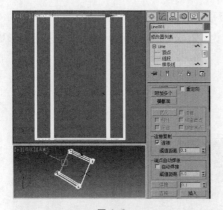
图 4-8

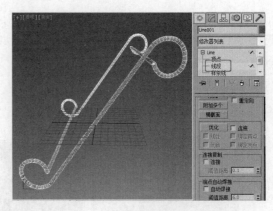
图 4-9

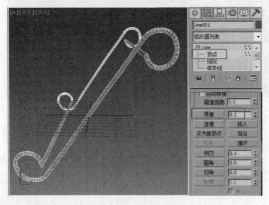
图 4-10

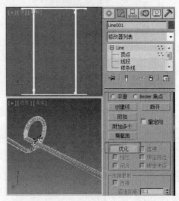
图 4-11

步骤 ⑪ 将所有顶点定义为"Bezier 角点"，将棱角处的顶点删除，如图 4-12 所示。

步骤 ⑫ 激活前视图，在工具栏中单击 （镜像）按钮，在弹出的对话框中设置镜像参数，如图 4-13 所示。

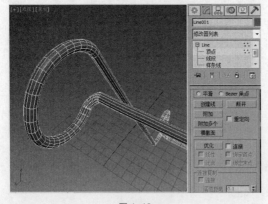
图 4-12

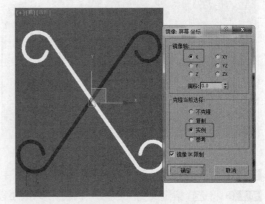
图 4-13

步骤 ⑬ 在前视图中创建收纳盒盒体的样条线，如图 4-14 示。

步骤 ⑭ 调整图形后，将选择集定义为"样条线"，单击"轮廓"按钮调整样条线的轮廓，如图 4-15 所示。

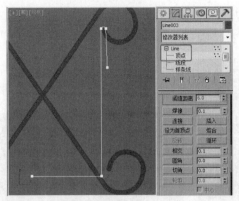

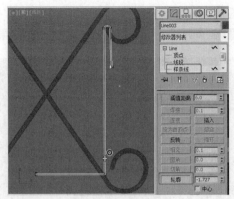

图 4-14   图 4-15

步骤 ⑮ 关闭选择集，在场景中为模型施加"挤出"修改器，并设置合适的参数，如图 4-16 所示。

步骤 ⑯ 为模型施加"编辑多边形"修改器，将选择集定义为"顶点"，在场景中调整顶点，在"编辑几何体"卷展栏中单击"切片平面"按钮，在场景中调整切片的位置，单击"切片"按钮，如图 4-17 所示。

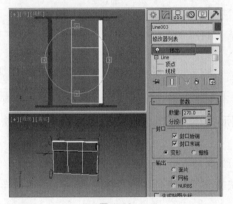

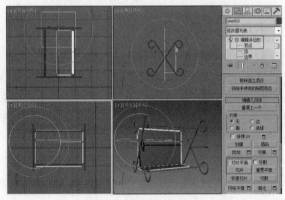

图 4-16   图 4-17

步骤 ⑰ 创建切片后，关闭相应选择集，为模型施加"对称"修改器，将选择集定义为"镜像"并设置合适的参数，在场景中调整镜像轴，如图 4-18 所示，关闭选择集。

步骤 ⑱ 为模型施加"编辑多边形"修改器，将选择集定义为"多边形"，在场景中选择图 4-19 所示的多边形。

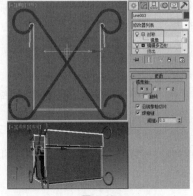

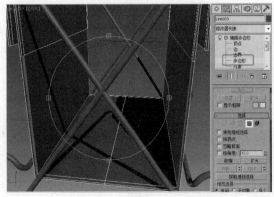

图 4-18   图 4-19

步骤⑲ 在"编辑多边形"卷展栏中单击"桥"按钮，连接选择的多边形，如图 4-20 所示。

步骤⑳ 调整模型至满意位置，完成的模型效果如图 4-21 所示。

图 4-20

图 4-21

4.1.4 【相关工具】

1. "编辑样条线"修改器

使用 3ds Max 2014 提供的"编辑样条线"修改器可以很方便地把一条简单的曲线调整成复杂的曲线。使用"Line"（线）工具创建的曲线或图形本身就具有"编辑样条线"修改器的所有功能，除了使用该工具创建以外，让创建的所有二维图形具有"编辑样条线"修改器功能的方法有以下两种。

方法一：在"修改器列表"中选择"编辑样条线"修改器。

方法二：在创建的图形上单击鼠标右键，在弹出的快捷菜单中选择"转换为 > 转换为可编辑样条线"命令。

"编辑样条线"修改器命令可以对曲线的"顶点""分段""样条线"3 个子物体进行编辑，"几何体"卷展栏会根据不同子物体提供相应的编辑工具，下面介绍在任意子物体下都可以使用的工具。

"创建线"按钮：可以在当前二维曲线的基础上创建新的曲线，新创建的曲线与选择的曲线是一个整体。

"附加"按钮：可以将一个曲线附加到当前曲线中，使其成为一个曲线，拥有共同的修改面板和参数；启用"重定向"选项可以将操作之后选择的曲线移动到操作之前选择的曲线位置。

"附加多个"按钮：单击"附加多个"按钮，打开"附加多个"对话框，可以将场景中的所有二维曲线结合到当前选择的二维曲线中。

"插入"按钮：可以在选择的线条中插入新的点，不断单击便不断插入新点，单击鼠标右键可停止插入，但插入的点会改变曲线的形态。

（1）顶点

在"顶点"子物体选择集的编辑状态下，"几何体"卷展栏中有一些面向该子物体的编辑工具，这些工具大部分都比较常用，需要熟练掌握，如图 4-22 所示。

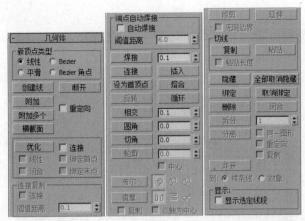

图 4-22

"断开"按钮：可以将选择的顶点打断，原来由该端点连接的线条在此处断开，产生两个顶点。

"优化"按钮：可以在选择的线条中需要加点处加入新的点，且不会改变曲线的形状，此操作常用来圆滑局部曲线。

"焊接"按钮：可以将两个或多个顶点焊接，该功能只能焊接开放性的顶点，焊接的范围由该按钮的数值决定。

"连接"按钮：可以将两个顶点连接，并在两个顶点中间生成一条新的连接线。

"圆角"按钮：可以对选择的顶点进行圆角处理，选择顶点后，通过设置的数值来倒圆角，如图 4-23 所示。

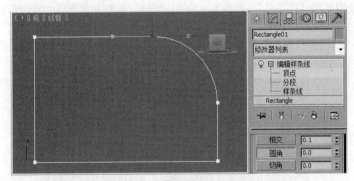

图 4-23

"切角"按钮：可以将选择的顶点进行切角处理，如图 4-24 所示。

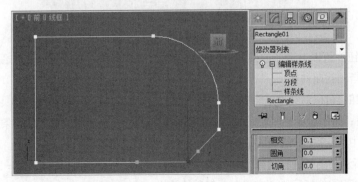

图 4-24

（2）分段

在修改器堆栈中选择"分段"子物体后，"几何体"卷展栏中涉及该子对象的工具将处于可用状态，如图 4-25 所示，下面介绍常用的工具。

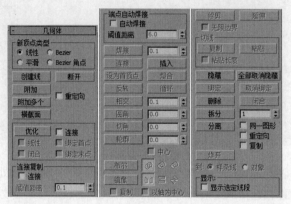

图 4-25

"拆分"按钮：可在选择的分段中插入相应的等分点，等分所选的分段，插入点的数量可在该按钮右边的文本框中进行设置。

"分离"按钮：可以将选择的分段分离出去，成为一个独立的图形，该按钮右边的"同一图形""重定向""复制" 3 个复选框，可以控制分离操作时的具体情况。

（3）样条线

在修改器堆栈中选择"样条线"子物体，其"几何体"卷展栏如图 4-26 所示，下面介绍常用的工具。

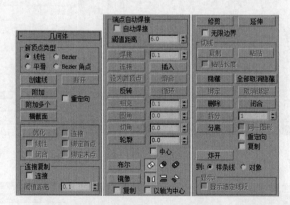

图 4-26

"轮廓"按钮：可以对选择的曲线进行双线勾边以形成轮廓，如果选择的曲线为非封闭曲线，则在加轮廓时会自动封闭曲线。

"布尔"按钮：可以对经过结合操作的多条曲线进行运算，其中有⊘（并集）、⊘（差集）和⊘（交集）运算按钮；布尔运算必须在同一个二维图形之内进行，选择需要留下的样条线，单击"布尔"按钮，再在视图中单击需要布尔运算的样条线，即可完成布尔运算。

对图 4-27 所示的图形进行运算，图 4-28 所示为"并集"运算后的效果，图 4-29 所示为"差集"运算后的效果，图 4-30 所示为"交集"运算后的效果。

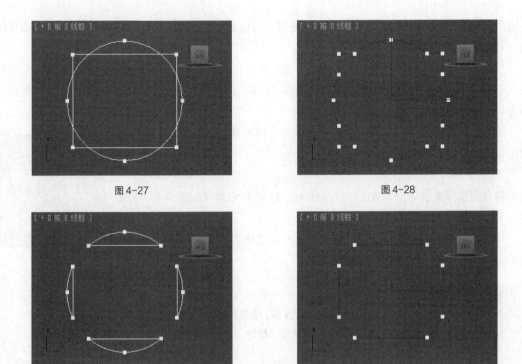

图 4-27　　　　　　　　　　　　图 4-28

图 4-29　　　　　　　　　　　　图 4-30

"修剪"按钮：可以修剪经过结合操作的多条相交样条线。

2．"挤出"修改器

"挤出"修改器可以沿垂直于二维图形表面的方向为二维图形增加厚度，将二维图形变为三维模型。

3．"对称"修改器

"对称"修改器在构建角色模型、船只或飞行器时特别有用。可以对任意几何体应用"对称"修改器，并且可以设置修改器 Gizmo 的动画来对镜像或切片设置动画。图 4-31 所示为通过将半个茶壶对称到另一侧来完成茶壶的绘制。

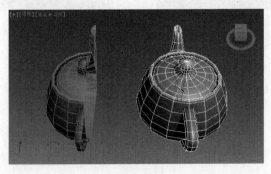

图 4-31

4．"编辑多边形"修改器

（1）认识"可编辑多边形"修改器

"编辑多边形"修改器提供用于选择对象的不同子对象层级的显式编辑工具：顶点、边、边界、多边形和元素。"编辑多边形"修改器包括基础"可编辑多边形"修改器的大多数功能，但"顶点属性""细分曲面""细分置换"卷展栏除外。

"编辑多边形"修改器是修改器列表中为对象指定的修改器；"可编辑多边形"修改器是在对象上单击鼠标右键，在弹出的快捷菜单中选择"转换为 > 可编辑多边形"命令启用的，可将模型转换为"可编辑多边形"。

因为"可编辑多边形"修改器是建模中较常用的修改器，所以下面介绍常用卷展栏中的工具。

（2）"编辑顶点"卷展栏

将当前选择集定义为"顶点"时，出现图 4-32 所示的"编辑顶点"卷展栏，下面介绍常用的工具。

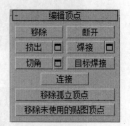

图 4-32

"移除"按钮：删除选择的顶点，并接合共用该顶点的多边形，快捷键为 BackSpace。

 提示

选择要删除的顶点，按 Delete 键，会在网格中创建一个或多个洞，如图 4-33（a）所示；而选择要删除的顶点后单击"移除"按钮则只是在网格中将选择的顶点删除，如图 4-33（b）所示。

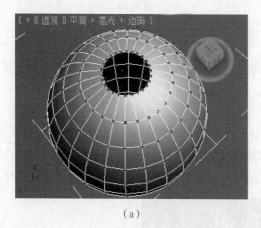
（a）

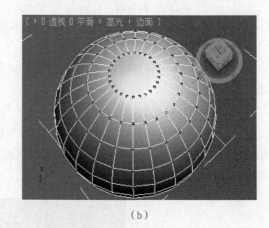
（b）

图 4-33

"断开"按钮：在与选择顶点相连的每个多边形上都创建一个新顶点，这可以使多边形的转角相互分开，使它们不再相连于原来的顶点上；如果顶点是孤立的，或者只有一个多边形使用该顶点，则顶点不受影响。

"挤出"按钮：可以手动挤出顶点，方法是在视口中直接操作；单击此按钮，然后垂直拖曳需要挤出的顶点，即可以挤出选择顶点的高度；单击█（设置）按钮，在弹出的对话框中可以精确设置挤出参数。

"焊接"按钮：在"焊接顶点"对话框中指定值，可合并选择的顶点；单击█（设置）按钮，在弹出的"焊接顶点"对话框中可以设置焊接值。

"切角"按钮：单击此按钮，然后在活动对象中拖曳顶点，如图 4-34 所示，可对顶点进行切角；

在视图中选择需要设置切角的顶点，单击■（设置）按钮，在弹出的对话框中可以设置详细的参数。

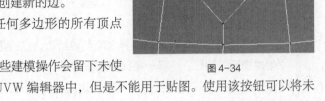

"目标焊接"按钮：可以选择一个顶点，并将它焊接到相邻目标顶点。

"连接"按钮：在选择的顶点对之间创建新的边。

"移除孤立顶点"按钮：将不属于任何多边形的所有顶点删除。

"移除未使用的贴图顶点"按钮：某些建模操作会留下未使

图 4-34

用的（孤立）贴图顶点，它们会显示在 UVW 编辑器中，但是不能用于贴图。使用该按钮可以将未使用贴图的顶点删除。

（3）"编辑边"卷展栏

将当前选择集定义为"边"时，出现"编辑边"卷展栏，如图 4-35 所示，下面介绍常用的工具。

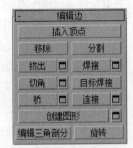

"插入顶点"按钮：用于手动细分可视的边。

"移除"按钮：删除选择边并组合这些边形成多边形。

"分割"按钮：沿着选择边分割网格。

"挤出"按钮：直接在视口中操作时，可以手动挤出边；单击■（设置）按钮，可以在弹出的对话框中设置详细的参数。

图 4-35

"焊接"按钮：组合"焊接边"对话框中指定阈值范围内的选择边。

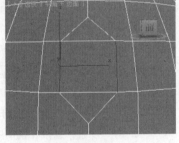

"切角"按钮：单击该按钮，然后拖曳活动对象中的边，如图 4-36 所示，可以对边进行切角；单击■（设置）按钮，可以在弹出的对话框中设置详细的参数。

"目标焊接"按钮：用于选择边并将其焊接到目标边。

"桥"按钮：使用多边形的"桥"连接对象的边。

"连接"按钮：使用"连接边"对话框中的设置，在每对选择边之间创建新边；单击■（设置）按钮，可打开"连接边"对话框。

"创建图形"按钮：选择一条或多条边后，单击该按钮，以便通过选择的边创建样条线形状。

图 4-36

"编辑三角剖分"按钮：用于修改绘制内边或对角线时，多边形细分为三角形的方式。

"旋转"按钮：用于通过单击对角线修改多边形细分为三角形的方式；激活"旋转"时，对角线在线框和边面视图中显示为虚线，在"旋转"模式下，单击对角线可更改其位置，在视图中单击鼠标右键或再次单击"旋转"按钮即可关闭"旋转"模式。

（4）"编辑边界"卷展栏

将当前选择集定义为"边界"时，出现"编辑边界"卷展栏，如图 4-37 所示，下面介绍常用的工具。

"挤出"按钮：直接在视口中操作边界可进行手动挤出处理，单击此按钮，然后垂直拖曳任何边界，便可将其挤出；单击■（设置）按钮，可以在弹出的对话框中设置详细的参数。

图 4-37

"插入顶点"按钮：用于手动细分边界。

"切角"按钮：单击该按钮，然后拖曳活动对象中的边界，可以对边界进行切角，不需要先选择边界；单击▣（设置）按钮，可以在弹出的对话框中设置详细的参数。

"封口"按钮：使用单个多边形封住整个边界环。

"桥"按钮：使用多边形的"桥"连接对象的两个边界；单击▣（设置）按钮，可以在弹出的对话框中设置详细的参数。

"连接"按钮：在每对选择边界之间创建新边，这些边可以通过其中的点相连。

"创建图形"按钮：选择一条或多条边界后，单击该按钮，以便通过选择的边创建样条线形状。

"编辑三角剖分"按钮：用于绘制内边或对角线时，修改多边形细分为三角形的方式；要手动编辑三角剖分时，可单击该按钮；单击多边形的一个顶点，会出现附着在鼠标指针上的橡皮筋线，单击不相邻顶点可为多边形创建新的三角剖分。

"旋转"按钮：用于单击对角线将多边形细分修改为三角形的方式；单击"旋转"按钮，将其激活，对角线可以在线框和边面视图中显示为虚线；在"旋转"模式下，单击对角线可更改"对角线"对称方向的位置；要退出"旋转"模式，在视口中单击鼠标右键或再次单击"旋转"按钮即可。

（5）"编辑多边形"卷展栏

将当前选择集定义为"多边形"时，出现"编辑多边形"卷展栏，如图 4-38 所示，下面介绍常用的工具。

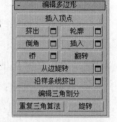

图 4-38

"插入顶点"按钮：用于手动细分多边形，即使处于元素子对象层级，单击"插入顶点"按钮，同样可以细分出多边形。

"挤出"按钮：直接在视口中操作时，可以执行手动挤出操作；单击此按钮，然后垂直拖曳任何多边形，以便将其挤出；单击▣（设置）按钮，可以在弹出的对话框中设置详细的参数。

"轮廓"按钮：用于增加或减小每组连续的选择多边形的外边，图 4-39 所示为设置的内收的轮廓；单击▣（设置）按钮，可以在弹出的对话框中设置详细的参数。

"倒角"按钮：直接在视口中操作可执行手动倒角操作；单击▣（设置）按钮，可以在弹出的对话框中设置详细的参数。

"插入"按钮：执行没有高度的倒角操作，即在选择多边形的平面内执行该操作；单击此按钮，然后垂直拖曳任何多边形，以便将其插入，如图 4-40 所示；单击▣（设置）按钮，可以在弹出的对话框中设置详细的参数。

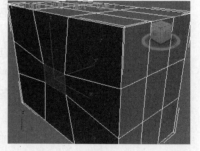

图 4-39

"桥"按钮：使用多边形的"桥"连接对象上的两个多边形或选择多边形；单击▣（设置）按钮，可以在弹出的对话框中设置详细的参数。

"翻转"按钮：翻转选择多边形的法线方向，从而使其面向用户。

"从边旋转"按钮：在视口中直接执行手动旋转操作；选择多边形，并单击该按钮，然后沿着垂直方向拖曳任何边，以便旋转选择的多边形，如图 4-41 所示。

"沿样条线挤出"按钮：沿样条线挤出当前的选择内容；选择多边形，单击"沿样条线挤出"按钮，然后在场景中选择样条线，可以沿该样条线挤出选择内容，就好像该样条线的起点被移动到每个多边形或组的中心一样。

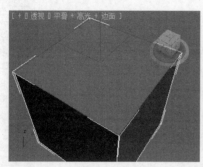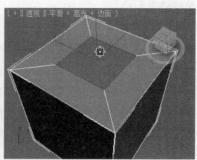

图 4-40

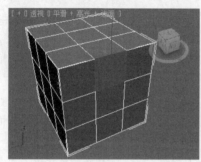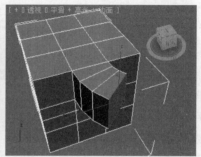

图 4-41

"编辑三角剖分"按钮：可以通过绘制内边将多边形细分修改为三角形的方式；要手动编辑三角剖分可单击该按钮，将显示隐藏的边；单击多边形的一个顶点，会出现附着在鼠标指针上的橡皮筋线；单击不相邻顶点，可为多边形创建新的三角剖分。

"重复三角算法"按钮：允许 3ds Max 2014 对多边形或当前选择的多边形自动执行最佳的三角剖分操作。

"旋转"按钮：用于单击对角线将多边形细分修改为三角形的方式；单击"旋转"按钮时，对角线在"线框"视图和"边面"视图中显示为虚线。在"旋转"模式下，单击对角线可以更改翻转对角线的角度；要退出"旋转"模式，可在视图中单击鼠标右键或再次单击"旋转"按钮；在指定时间，每条对角线只有两个可用的位置，因此连续单击某条对角线两次，即可将其恢复到原始的位置。

（6）"编辑元素"卷展栏

将当前选择集定义为"元素"时，显示"编辑元素"卷展栏，如图 4-42 所示。该卷展栏中的按钮与上面其他层级卷展栏的按钮相同，参见上面的介绍即可。

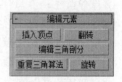

图 4-42

（7）"编辑几何体"卷展栏

"编辑几何体"卷展栏提供用于更改多边形网格几何体的全局控制，如图 4-43 所示，下面介绍常用的工具。

"重复上一个"按钮：重复最近使用的命令。

"约束"选项组：可以使用现有的几何体约束子对象的变换。

"保持 UV"复选框：启用此选项后，可以编辑子对象，而不影响对象的 UV 贴图；单击 ▣（设置)按钮,通过弹出的"贴图通道"对话框,可以指定要保持的顶点颜色通道和纹理通道(贴图通道)。

图 4-43

"创建"按钮:创建新的几何体,此按钮的使用方式取决于当前子物体层级。

"塌陷"按钮:使连续选择子对象的组产生塌陷,仅限于"顶点""边""边界""多边形"层级。

"附加"按钮:用于将场景中的其他对象附加到选择的可编辑多边形中;单击■(设置)按钮,在弹出的对话框中列出场景中能附加到该对象中的模型。

"分离"按钮:将选择的子对象和附加到子对象的多边形作为单独的对象或元素进行分离。

"切片平面"按钮:为切片平面创建 Gizmo,可以定位和旋转来指定切片位置,仅限子对象层级。

"分割"复选框:启用时,通过"迅速切片"和"切割"操作,可以在划分边的位置处创建两个顶点集,从而可轻松删除要创建孔洞的新多边形。

"切片"按钮:在切片平面位置处执行切片操作,只有启用"切片平面"选项时,才能使用该按钮,仅限子对象层级。

"重置平面"按钮:将"切片"平面恢复到其默认位置和方向,只有启用"切片平面"选项时,才能使用该按钮,仅限子对象层级。

"快速切片"按钮:可以将对象快速切片,而不操纵 Gizmo;选择对象并单击"快速切片"按钮,然后在切片的起点处单击一次,再在其终点处单击一次即可快速切片。

"切割"按钮:用于创建一个多边形到另一个多边形的边,或在多边形内创建边;单击起点并移动鼠标指针,然后单击,再移动和单击,以便创建新的连接边;单击鼠标右键即可退出当前切割操作,然后可以开始新的切割,或者再次单击鼠标右键退出"切割"模式。

"网格平滑"按钮:使用当前设置平滑对象,它与"网格平滑"修改器中的"NURMS 细分"类似,但与"NURMS 细分"不同的是,它能立即将平滑应用到控制网格的选择区域中。

"细化"按钮:根据细化设置细分对象中的所有多边形。

"平面化"按钮:强制所有选择的子对象成为共面。

"X""Y""Z"按钮:平面化选择的所有子对象,并使该平面与对象的局部坐标系中的相应平面对齐。

"视图对齐"按钮:使对象中的所有顶点与活动视口所在的平面对齐。

"栅格对齐"按钮:使选择对象中的所有顶点与活动视图所在的平面对齐,在子对象层级,只会对齐选择的子对象,该工具用于使选择的顶点与当前的构造平面对齐;在启用主栅格的情况下,当前平面由活动视口指定,使用栅格对象时,当前平面是活动的栅格对象。

"松弛"按钮:可以将"松弛"功能应用于当前的选择内容;单击"松弛"按钮可以规格化网格空间,方法是朝着邻近对象的平均位置移动每个顶点,其工作方式与"松弛"修改器相同。

"隐藏选定对象"按钮:隐藏任意所选子对象,仅限于顶点、多边形和元素级别。

"全部取消隐藏"按钮:还原任何隐藏子对象使之可见,仅限于顶点、多边形和元素层级。

"隐藏未选定对象"按钮:隐藏未选择的任意子对象,仅限于顶点、多边形和元素级别。

"复制"按钮：单击该按钮，可以在打开的对话框中指定要放置在复制缓冲区中的命名选择。

"粘贴"按钮：从复制缓冲区中粘贴命名选择。

"删除孤立顶点"复选框：启用该选项时，在删除连续子对象时，删除孤立顶点；禁用该选项时，删除子对象会保留所有顶点；默认启用该选项，仅限于边、边框、多边形和元素层级。

（8）"选择"卷展栏

"选择"卷展栏如图 4-44 所示，下面介绍常用的工具。

■（顶点）按钮：访问"顶点"子对象层级，从中可选择鼠标指针的顶点，区域选择会选择该区域中的顶点。

◢（边）按钮：访问"边"子对象层级，从中可选择鼠标指针下的多边形边，区域选择会选择该区域中的多条边。

◑（边界）按钮：访问"边界"子对象层级，可从中选择组成网格孔洞的边框的一系列边；边框总是由仅在一侧带有面的边组成，并总是为完整循环，例如长方体一般没有边界，但茶壶对象有多个边框，在壶盖上、壶身上及壶柄上都有边界线；如果创建一个圆柱体，然后删除一端，这一端的边将组成圆形边界。

■（多边形）按钮：访问"多边形"子对象层级，从中选择鼠标指针下的多边形，区域选择会选择该区域中的多个多边形。

■（元素）按钮：启用"元素"子对象层级，从中选择对象中的所有连续多边形，区域选择用于选择多个元素。

"按顶点"复选框：启用该选项，则只有通过选择所用的顶点，才能选择子对象；单击顶点时，将选择使用该选择顶点的所有子对象。

"忽略背面"复选框：启用该选项，选择子对象将只影响朝向用户的对象。

"按角度"复选框：启用并选择某个多边形时，可以根据该选项右侧的角度设置选择邻近的多边形；该值可以确定要选择的邻近多边形之间的最大角度，仅在"多边形"子对象层级可用。

"收缩"按钮：通过取消选择最外部的子对象缩小子对象的选择区域，如图 4-45 所示。

图 4-44

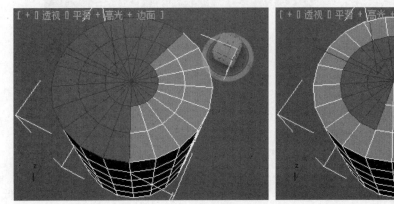
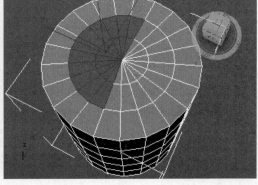

图 4-45

"扩大"按钮：朝所有可用方向外侧扩展选择区域，如图 4-46 所示。

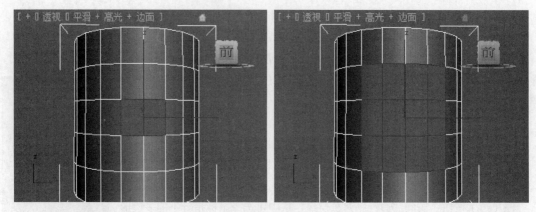

图 4-46

"环形"按钮：通过选择所有平行于被选择边的边来扩展边选择，圆环只应用于边和边界选择，如图 4-47 所示。

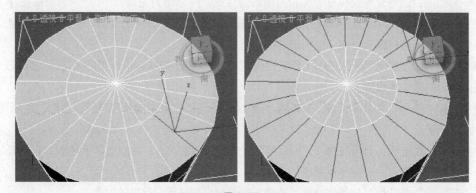

图 4-47

"循环"按钮：在与被选择的边对齐的同时，尽可能远地扩展选择，如图 4-48 所示。

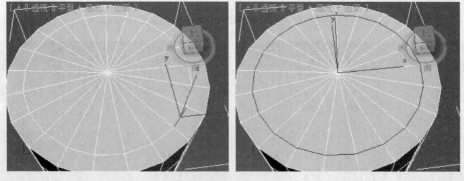

图 4-48

（9）"细分曲面"卷展栏

"细分曲面"卷展栏用于将细分应用于采用"网格平滑"格式的对象，以便可以对分辨率较低的"框架"网格进行操作，同时查看更为平滑的细分结果。该卷展栏既可以在所有子对象层级使用，也可以在对象层级使用。"细分曲面"卷展栏如图 4-49 所示，下面介绍常用的工具。

图 4-49

"平滑结果"复选框：对所有多边形应用相同的平滑组，如图 4-50 所示。

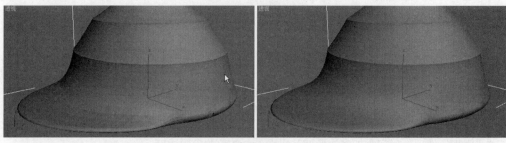

图 4-50

"使用 NURMS 细分"复选框：通过 NURMS 方法应用平滑，如图 4-51 所示。

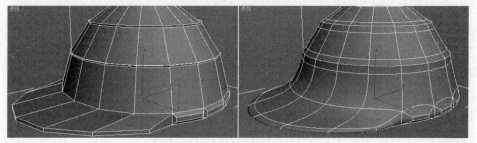

图 4-51

"等值线显示"复选框：启用该选项时，只显示等值线；图 4-52（a）所示为启用"等值线显示"选项的显示效果，图 4-52（b）所示为禁用"等值线显示"选项的显示效果。

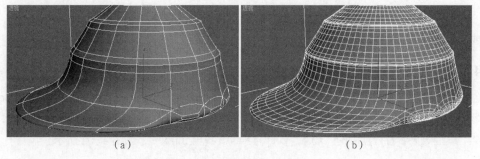

（a）　　　　　　　　　　　　　　　　　（b）

图 4-52

"显示框架"复选框：在修改或细分之前，切换显示可编辑多边形对象的两种颜色线框的显示，如图 4-53 所示；框架颜色显示为右侧的色块，第 1 种颜色表示未选择的子对象，第 2 种颜色表示选择的子对象，单击其色块可更改颜色。

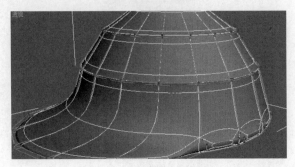

图 4-53

（10）"显示"选项组

"迭代次数"参数：设置平滑多边形对象时所用的迭代次数，每个迭代次数都会使用上一个迭代次数生成的顶点生成所有多边形。

 提示　"迭代次数"值越大，物体表面越光滑，计算机则要花费很长的时间进行计算。如果计算时间太长，可以按 Esc 键停止计算。

"平滑度"选项：确定添加多边形使其平滑前，转角的尖锐程度。

（11）"渲染"选项组

"迭代次数"复选框：用于选择不同的平滑迭代次数，以便在渲染时应用于对象；启用"迭代次数"选项后，可在其右侧的微调器中设置迭代次数。

"平滑度"复选框：用于选择不同的"平滑度"，以便在渲染时应用于对象；启用"平滑度"选项后，可在其右侧的微调器中设置平滑度。

（12）"更新选项"选项组

设置手动或渲染时的更新选项，适用于平滑对象的复杂度过高而不能应用自动更新的情况。

"始终"单选按钮：更改"平滑网格"设置时，自动更新对象。

"渲染时"单选按钮：只在渲染时才更新对象的视口显示。

"手动"单选按钮：选中"手动更新"单选按钮时，改变的设置直到单击"更新"按钮时才起作用。

"更新"按钮：更新视口中的对象，使"更新"按钮与当前的"网格平滑"设置仅在选中"渲染时"或"手动"单选按钮时才起作用。

4.1.5　【实战演练】餐椅

创建矩形并为其施加"编辑样条线"修改器，通过调整形状，为其施加"挤出"和"弯曲（Bend）"修改器制作椅子背，创建图形并设置"挤出"修改器制作出椅子座，创建并调整可渲染的线，制作出支架。模型效果参看云盘中的"场景 >Cha04>4.1.5 餐椅 .max"，如图 4-54 所示。

图 4-54

扫码观看
本案例视频

4.2 盘子

4.2.1 【案例分析】

本案例需要制作一款较为简单和常见的圆形瓷盘，使用干净的白色为主色、黑边为辅助色以达到简约、大气、时尚的效果。

4.2.2 【设计思路】

本案例制作一款较为常见的简约盘子的模型，其中主要学习如何使用"编辑多边形""涡轮平滑""壳"修改器。模型效果参看云盘中的"场景 >Cha04>4.2 盘子 .max"，如图 4-55 所示。

图 4-55

扫码观看
本案例视频

4.2.3 【操作步骤】

步骤 ① 单击 " ■（创建）> ◎（几何体）>标准基本体 > 球体"按钮，在顶视图中创建球体，在"参数"卷展栏中设置"半径"为 86，如图 4-56 所示。

步骤 ② 在工具栏中单击 ⚏（使用并均匀缩放）按钮，在前视图中沿 y 轴缩放球体，如图 4-57 所示。

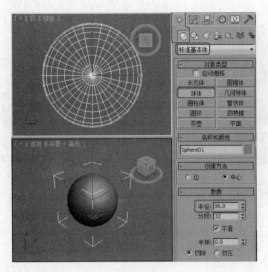
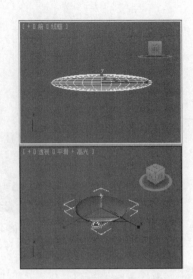

图 4-56   图 4-57

步骤③ 在场景中选择球体，单击鼠标右键，在弹出的快捷菜单中选择"转换为 > 可编辑多边形"命令。将选择集定义为"多边形"，选择图 4-58 所示的多边形，按 Delete 键将其删除。

步骤④ 将选择集定义为"顶点"，在场景中选择图 4-59 所示的顶点，在"编辑顶点"卷展栏中单击"移除"按钮，将顶点移除。

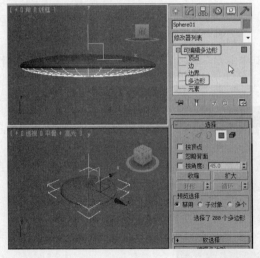
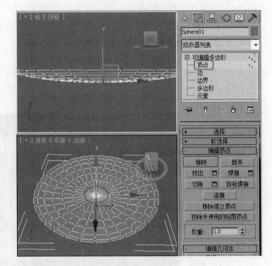

图 4-58   图 4-59

步骤⑤ 将选择集定义为"多边形"，选择底部的多边形，在"编辑多边形"卷展栏中单击"挤出"后的 ▣（设置）按钮。在弹出的对话框中设置"挤出类型"为"组"，"挤出高度"为 10，单击"确定"按钮，如图 4-60 所示。

步骤⑥ 为模型施加"壳"修改器，在"参数"卷展栏中设置"外部量"为 6，如图 4-61 所示。

步骤⑦ 为模型施加"涡轮平滑"修改器，使用默认参数，如图 4-62 所示。

步骤⑧ 完成的盘子模型如图 4-63 所示。

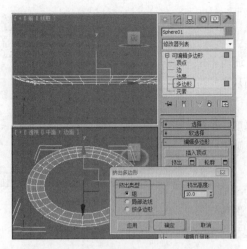

图 4-60

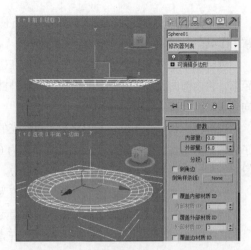

图 4-61

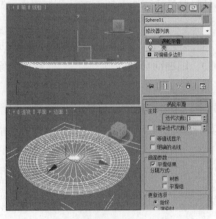

图 4-62

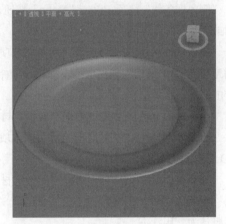

图 4-63

4.2.4 【相关工具】

"壳"修改器

为对象应用"壳"修改器,可以添加一组朝向现有面相反方向的额外面,"凝固"对象或者为对象赋予厚度,无论曲面在原始对象中的任何地方消失,边都将连接内部和外部曲面,如图 4-64 所示。还可以为内部和外部曲面、边的特性、材质 ID 及边的贴图类型指定偏移距离。

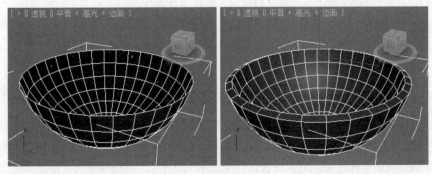

图 4-64

"壳"修改器的"参数"卷展栏如图 4-65 所示，下面介绍常用工具。

"内部量""外部量"文本框：3ds Max 2014 通用单位的距离，将内部曲面从原始位置向内移动，将外曲面从原始位置向外移动，默认值分别为 0 和 1。

"内部量"和"外部量"的值决定了对象壳的厚度，也决定了边的默认宽度。假如将厚度和宽度都设置为 0，则生成的壳没有厚度，并将类似于对象的显示设置为双边。

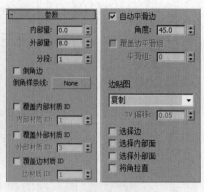

图 4-65

"分段"文本框：每一边的细分值，默认值为 1。

"倒角边"复选框：启用该选项后，便可指定"倒角样条线"，定义"倒角样条线"后，使用"倒角边"在直边和自定义剖面之间切换，该直边的分辨率由"分段"定义，该自定义剖面由"倒角样条线"定义。

"倒角样条线"选项：单击"None"按钮，然后选择打开样条线定义边的形状和分辨率，对"圆形"或"星形"这样闭合的形状将不起作用。

"覆盖内部材质 ID"复选框：启用此选项，可在"内部材质 ID"文本框中为所有内部曲面多边形指定材质 ID，默认为禁用状态；如果没有指定材质 ID，则曲面会使用同一材质 ID 或者和原始面一样的 ID。

"内部材质 ID"文本框：为内部面指定材质 ID，只在启用"覆盖内部材质 ID"选项后可用。

"覆盖外部材质 ID"复选框：启用该选项，使用"外部材质 ID"为所有外部曲面多边形指定材质 ID，默认为禁用状态。

"外部材质 ID"文本框：为外部面指定材质 ID，只在启用"覆盖外部材质 ID"选项后可用。

"覆盖边材质 ID"复选框：启用该选项，使用"边材质 ID"为所有当前选择的多边形指定材质 ID，默认为禁用状态。

"边材质 ID"文本框：为边的面指定材质 ID，只在启用"覆盖边材质 ID"选项后可用。

"自动平滑边"复选框：使用"角度"值，应用自动、基于角平滑到边面；禁用此选项后，不再应用平滑，默认为启用；该选项不适用于平滑到边面与外部或内部曲面之间的连接。

"角度"文本框：在边面之间指定最大角，该边面由"自动平滑边"平滑，只在启用"自动平滑边"选项之后可用；默认值为 45，大于此值的接触角的面将不会被平滑。

"覆盖边平滑组"复选框：使用"平滑组"设置，用于为当前模型或当前选择子物体层级制定平滑组；只在禁用"自动平滑边"选项之后可用，默认为禁用状态。

"平滑组"文本框：为边多边形设置平滑组，只在启用"覆盖边平滑组"选项后可用，默认值为 0；当"平滑组"设置为默认值 0 时，将不会有平滑组被指定为多边形，要指定平滑组，更改该值为 1 ~ 32 即可。

4.2.5 【实战演练】咖啡杯

创建球体作为杯体，将球体转换为"可编辑多边形"模型，将球体的一半删除，调整顶点，并为其施加"壳"修改器，再次将模型转换为"可编辑多边形"模型，通过为多边形设置"倒角、挤出、桥"等操作调整出边、杯把手，最后设置其"NURMS 细分"，调整模型的平滑度。模型效果参看云盘中的"场景 >Cha04>4.2.5 咖啡杯 .max",如图 4-66 所示。

图 4-66

扫码观看
本案例视频

4.3 酒瓶

4.3.1 【案例分析】

本案例将制作造型常见的红酒瓶模型,红酒瓶上面放置一个木塞,使模型看起来更贴近生活。

4.3.2 【设计思路】

本案例介绍使用"线"工具,结合"车削"修改器制作红酒瓶模型。模型效果参看云盘中的"场景 >Cha04>4.3 酒瓶 .max",如图 4-67 所示。

图 4-67

扫码观看
本案例视频

4.3.3 【操作步骤】

步骤① 单击 " （创建）> （图形）>样条线 > 线" 按钮,在前视图中创建图 4-68 所示的样条线。

步骤② 将选择集定义为"样条线",为样条线设置轮廓。将选择集定义为"顶点",调整顶点,并将多余的顶点删除,如图 4-69 所示。

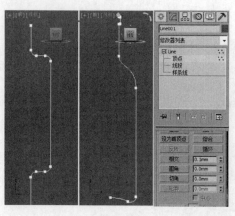

图 4-68　　　　　　　　　　　　　　　　　图 4-69

步骤③ 为图形施加"车削"修改器，在"参数"卷展栏中勾选"焊接内核"复选框，设置"分段"为 32，"方向"为 Y、"对齐"为最小，如图 4-70 所示。

步骤④ 在顶视图中创建圆柱体作为瓶塞模型，设置合适的参数并调整模型至合适的位置，如图 4-71 所示。

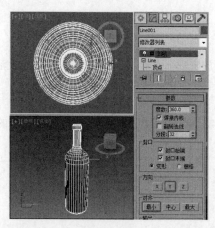　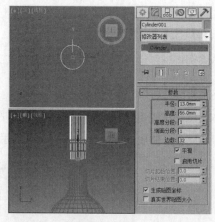

图 4-70　　　　　　　　　　　　　　　　　图 4-71

4.3.4 【相关工具】

"车削"修改器

"车削"修改器是通过绕轴旋转一个图形或 NURBS 曲线来创建 3D 对象的，"参数"卷展栏如图 4-72 所示，下面介绍常用的工具。

"度数"文本框：用于设置旋转的角度。

"焊接内核"复选框：将旋转轴上重合的点进行精简焊接，以得到结构相对简单的造型，图 4-73 所示为焊接内核的前后对比。

"翻转法线"复选框：启用该选项，将会翻转造型表面的法线方向；如果出现图 4-74 左图所示的效果，勾选

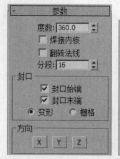

图 4-72

"翻转法线"复选框会变为图 4-74 右图所示翻转法线后的效果。

"方向"选项组：用于设置旋转中心轴的方向，X、Y、Z 分别用于设置不同的轴向，系统默认 y 轴为旋转中心轴。

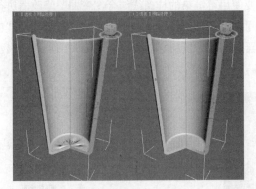 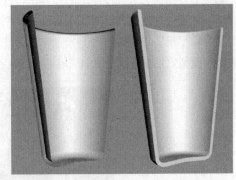

图 4-73   图 4-74

"对齐"选项组：用于设置曲线与中心轴线的对齐方式，"对齐"选项组介绍如下。

"最小"按钮：将曲线内边界与中心轴线对齐。

"中心"按钮：将曲线中心与中心轴线对齐。

"最大"按钮：将曲线外边界与中心轴线对齐。

4.3.5   【实战演练】花瓶

花瓶是插花的瓶子，是一种室内装饰品。使用"线"工具结合"车削"修改器制作花瓶，模型效果参看云盘中的"场景 >Cha04>4.3.5 花瓶 .max"，如图 4-75 所示。

扫码观看
本案例视频

图 4-75

4.4   沙漏

4.4.1   【案例分析】

本案例将制作一款欧式铁艺沙漏，主要使用的铁艺花纹为对称的浪纹，花纹包裹沙漏的两侧，起到装饰和支撑作用，沙漏的其他部分使用简单的几何图形。

4.4.2 【设计思路】

本案例介绍铁艺装饰沙漏的制作方法，铁艺主要使用可渲染的样条线结合"弯曲"修改器进行制作，创建几何体来制作沙漏支架顶底的模型，使用油罐来制作沙漏玻璃模型，通过对其施加"锥化""涡轮平滑""壳"修改器来完成沙漏玻璃容器的制作，复制容器模型通过编辑顶点调整出沙的模型。模型效果参看云盘中的"场景 >Cha04>4.4 沙漏 .max"，如图 4-76 所示。

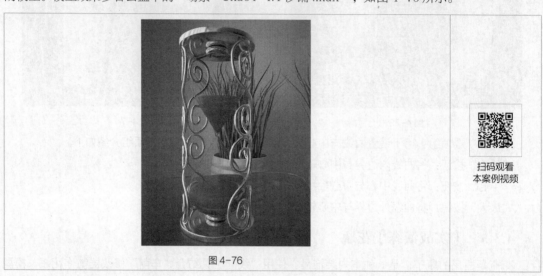

图 4-76

扫码观看
本案例视频

4.4.3 【操作步骤】

步骤① 创建线，设置样条线为可渲染，将选择集定义为"顶点"，调整样条线的形状，设置渲染参数，如图 4-77 所示。

步骤② 复制模型，如图 4-78 所示，使用[] （镜像）工具调整模型的角度。

步骤③ 将复制的样条线编辑成组，为其施加"弯曲"（Bend）修改器，设置弯曲参数，如图 4-79 所示。

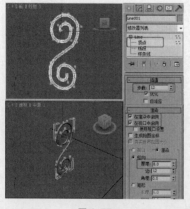 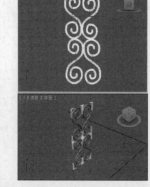 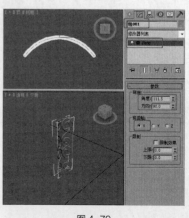

图 4-77　　　　　　　　図 4-78　　　　　　　　図 4-79

步骤④ 单击" （创建）> （几何体）> 扩展基本体 > 切角圆柱体"按钮，在顶视图中创建切角圆柱体，设置模型的参数，复制可渲染的样条线组，如图 4-80 所示。

步骤⑤ 复制切角圆柱体，并修改其参数，如图 4-81 所示。

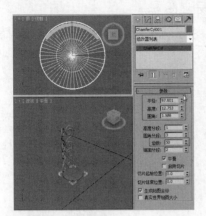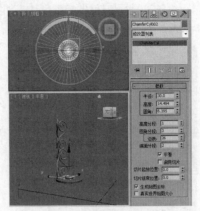

图 4-80   图 4-81

步骤⑥ 复制切角圆柱体到顶部，单击 "　　（创建）>　　（几何体）> 扩展基本体 > 油罐" 按钮，在顶视图中创建油罐，设置模型的参数，如图 4-82 所示。

步骤⑦ 为油罐模型施加 "锥化"（Taper）修改器，设置参数，调整模型，如图 4-83 所示。

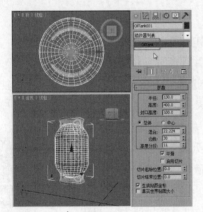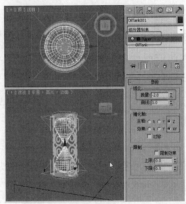

图 4-82   图 4-83

步骤⑧ 为模型施加 "涡轮平滑" 修改器，使用默认的参数即可，如图 4-84 所示。

步骤⑨ 为模型施加 "壳" 修改器，设置其参数，如图 4-85 所示。

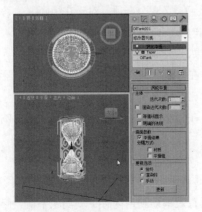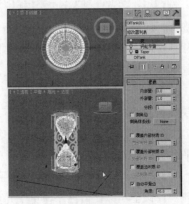

图 4-84   图 4-85

步骤 ⑩ 复制油罐模型，删除"壳"修改器，将模型转换为"可编辑网格"修改器，定义选择集为"顶点"并调整模型，完成沙漏下方沙的模型创建，如图 4-86 所示。

步骤 ⑪ 使用同样的方法创建上面的沙模型，如图 4-87 所示，将完成的沙漏模型场景存储。

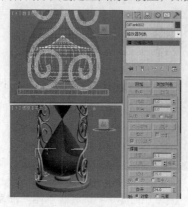
图 4-86

图 4-87

4.4.4 【相关工具】

1. "弯曲"（Bend）修改器

在制作弯曲模型时，必须先设置足够的分段使其旋转变形。

对选择的物体进行无限度数的弯曲变形操作，并且通过 x 轴、y 轴、z 轴"弯曲轴"控制物体弯曲的角度和方向，可以用"限制"选项组中的两个选项"上限"和"下限"限制弯曲在物体上的影响范围，通过这种控制可以使物体产生局部弯曲效果。

首先在顶视图中创建一个三维物体，并确认该物体处于被选中状态，然后单击 ☑（修改）按钮，进入"修改"面板，在"修改器列表"下拉列表中选择"弯曲"（Bend）修改器，其"参数"卷展栏如图 4-88 所示。

"参数"卷展栏介绍如下。

"角度"文本框：可以在文本框中设置弯曲的角度，常用值为 0~360。

"方向"文本框：可以在文本框中设置弯曲沿自身 z 轴方向的旋转角度，常用值为 0~360。

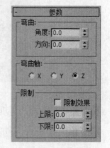
图 4-88

"弯曲轴"选项组："弯曲轴"选项组中有 X、Y、Z 3 个选项，对于在相同视图中建立的物体，选择不同的选项时效果也不一样。

"限制效果"复选框：可以对物体指定限制效果，必须勾选此复选项才可起作用。

"上限"文本框：将弯曲限制在中心轴以上，在限制区域以外将不会受到弯曲的影响，常用值为 0~360。

"下限"文本框：将弯曲限制在中心轴以下，在限制区域以外将不会受到弯曲影响，常用值为 0~360。

2. "涡轮平滑"修改器

"涡轮平滑"修改器与"网格平滑"修改器是对场景中的模型进行平滑处理的两种修改器。

"涡轮平滑"修改器可以比网格平滑更快并更有效率地利用内存，"涡轮平滑"修改器提供网格平滑功能的限制子集，并且使用单独平滑方法（NURBS），它可以仅应用于整个对象，不包含子对象层级并输出三角网格对象。

4.4.5 【实战演练】前台

半圆前台主要用于创建多段的长方体，设置长方体有足够的分段后，为其施加"弯曲"（Bend）修改器，设置合适的参数即可制作出半圆的前台。模型效果参看云盘中的"场景 >Cha04>4.4.5 前台 .max"，如图 4-89 所示。

扫码观看
本案例视频

图 4-89

4.5 综合演练——苹果

4.5.1 【案例分析】

本案例将制作苹果模型，苹果为扁球形，在扁球形的两端各有一处凹点，顶端还有苹果柄。

4.5.2 【设计思路】

在制作效果图中苹果模型通常作为装饰出现，如图 4-90 所示。

4.5.3 【知识要点】

创建球体，为其施加"FFD 圆柱体"修改器，通过调整"控制点"调整出圆柱体顶与底向内凹的效果，使用"锥化"（Taper）修改器，设置上大下小的效果，创建圆柱体，并设置其 FFD 变形效果组合出苹果模型。模型效果参看云盘中的"场景 >Cha04>4.5 苹果 .max"，如图 4-90 所示。

扫码观看
本案例视频

图 4-90

4.6 综合演练——蜡烛

4.6.1 【案例分析】

本案例将制作一款上细下粗的螺旋状蜡烛，并在顶端为其制作灯芯，使其呈现一种唯美的效果。

4.6.2 【设计思路】

本案例设计一款装饰性较强的蜡烛模型，可以用来放置到餐桌或案台上作为摆件。

4.6.3 【知识要点】

要蜡烛模型，先创建星形，调整星形参数，并设置其"挤出"效果，再为其施加"锥化"和"扭曲"修改器制作蜡烛主体，然后圆柱体、可渲染的圆、可渲染的星形、多边形、螺旋线圆柱体制作支架，最后创建可渲染的线制作灯芯。模型效果参看云盘中的"场景 >Cha04>4.6 蜡烛 .max"，如图 4-91 所示。

图 4-91

扫码观看
本案例视频

05

第 5 章
复合对象的创建

前面介绍了 3ds Max 2014 中的基本操作和二维、三维模型的创建与修改功能，读者已经了解了 3ds Max 2014 制作模型的基本方法，但有些模型的创建仅通过前面章节所讲的知识还是不能完成的，如在一个模型上迅速掏出另一个模型的形状等。

所谓复合对象就是指将两个或两个以上的对象通过特定的方式组合为一个对象。

课堂学习目标

✓ 掌握"布尔"复合对象的创建方法
✓ 掌握"放样"复合对象的创建方法

知识目标

✳ 了解"ProBoolean"工具和"放样"工具
✳ 了解"连接"工具

能力目标

○ 掌握"ProBoolean"工具和"放样"工具的使用方法
○ 熟悉"连接"工具的使用技巧

素养目标

✦ 培养对复合对象的设计创意能力

实训目标

✦ 洗手盆
✦ 花瓶
✦ 哑铃

5.1 洗手盆

5.1.1 【案例分析】

越来越多的人希望自己的卫浴空间具有个性，高品质的浴室需要完善所有细节，其中卫浴空间的洗手盆是人们每天都要用到的物件，其材质以瓷为主，它的设计是家装不可忽视的重点。

5.1.2 【设计思路】

使用"切角长方体"工具和"ProBoolean"工具，结合"编辑多边形"修改器制作洗手盆的盆体，使用可渲染的样条线制作水龙头，使用"圆柱体"和"油罐"制作阀门。模型效果参看云盘中的"场景 >Cha05>5.1 洗手盆 .max"，最终的效果图可以参考"场景 >Cha05>5.1 洗手盆 .max"，如图 5-1 所示。

图 5-1

扫码观看
本案例视频

5.1.3 【操作步骤】

步骤① 单击 "■（创建）> ◯（几何体）> 扩展基本体 > 切角长方体" 按钮，在顶视图中创建切角长方体，在 "参数" 卷展栏中设置 "长度" 为 40、"宽度" 为 60、"高度" 为 12、"圆角" 为 1、"圆角分段" 为 3，如图 5-2 所示。

步骤② 为模型施加 "编辑多边形" 修改器，将选择集定义为 "顶点"，在左视图中调整顶点，如图 5-3 所示，关闭选择集。

图 5-2

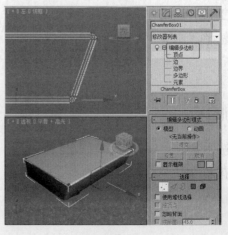

图 5-3

步骤③ 按快捷键 Ctrl+V 复制模型作为布尔对象，调整复制模型的顶点，如图 5-4 所示。

步骤④ 在顶视图中创建切角长方体作为布尔对象，在"参数"卷展栏中设置"长度"为 12、"宽度"为 13、"高度"为 12、"圆角"为 1、"圆角分段"为 3，并调整模型至合适的位置，如图 5-5 所示。

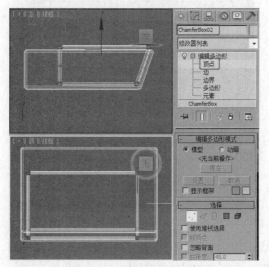

图 5-4

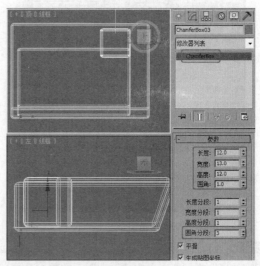

图 5-5

步骤⑤ 在场景中选择"ChamferBox 01"，单击"■（创建）>◎（几何体）>复合对象 > ProBoolean"按钮，在"拾取布尔对象"卷展栏中单击"开始拾取"按钮，在场景中拾取布尔对象模型，如图 5-6 所示。

步骤⑥ 为模型施加"编辑多边形"修改器，将选择集定义为"边"，选择图 5-7 所示的边。

图 5-6

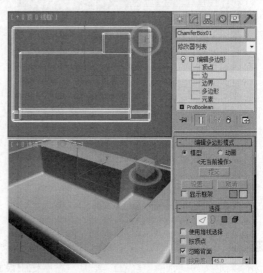

图 5-7

步骤⑦ 在"编辑边"卷展栏中单击"切角"后的■（设置）按钮，在弹出的对话框中设置"切角量"为 0.5、"分段"为 3，单击"确定"按钮，如图 5-8 所示。

步骤⑧ 单击"■（创建）>◎（几何体）>标准基本体 > 长方体"按钮，在顶视图中创建长方体，在"参数"卷展栏中设置"长度"为 8、"宽度"为 13.5、"高度"为 9，并调整模型至合适的位置，如图 5-9 所示。

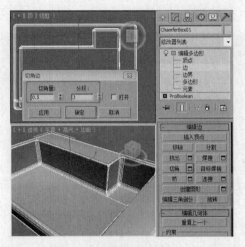 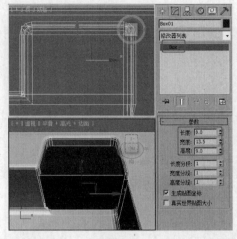

图 5-8　　　　　　　　　　　　　　　　　　　图 5-9

步骤 ⑨ 为长方体施加"编辑多边形"修改器，将选择集定义为"多边形"。选择顶部的多边形，在"编辑多边形"卷展栏中单击"倒角"后的 ▣（设置）按钮，在弹出的对话框中设置"轮廓量"为 -0.5，单击"确定"按钮，如图 5-10 所示。

步骤 ⑩ 为多边形设置"倒角"，设置"高度"为 -0.5、"轮廓量"为 -0.8，如图 5-11 所示，单击"确定"按钮。

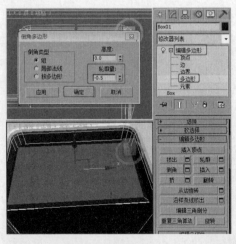 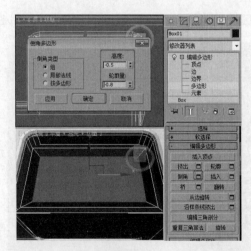

图 5-10　　　　　　　　　　　　　　　　　　图 5-11

步骤 ⑪ 单击"⚹（创建）> ▣（图形）> 样条线 > 线"按钮，在左视图中创建可渲染的样条线，将选择集定义为"顶点"。在"差值"卷展栏中设置"步数"为 12，在"渲染"卷展栏中勾选"在渲染中启用""在视口中启用"复选框，设置"径向"的"厚度"为 3，如图 5-12 所示，关闭选择集并调整模型至合适的位置。

步骤 ⑫ 在顶视图中创建圆柱体，在"参数"卷展栏中设置"半径"为 1.5、"高度"为 2、"高度分段"为 1，调整模型至合适的位置，如图 5-13 所示。

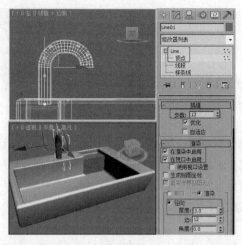

图 5-12

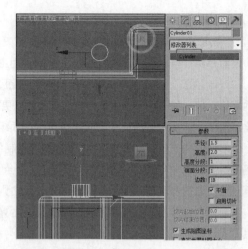

图 5-13

步骤 ⑬ 单击"■（创建）>○（几何体）>扩展基本体 > 油罐"按钮，在顶视图中创建油罐。在"参数"卷展栏中设置"半径"为 3、"高度"为 2.5、"封口高度"为 0.8、"边数"为 8，取消勾选"平滑"复选框，并调整模型至合适的位置，如图 5-14 所示。

步骤 ⑭ 完成的洗手盆模型如图 5-15 所示。

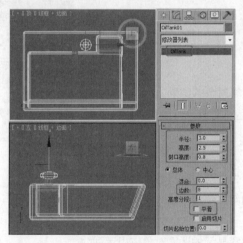

图 5-14

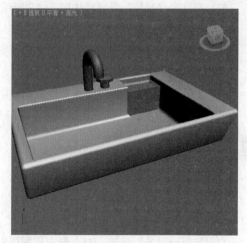

图 5-15

5.1.4 【相关工具】

使用"ProBoolean"工具复合对象的操作应在执行布尔运算之前，该工具采用了 3ds Max 2014 网格并增加了额外的功能。它组合了拓扑功能，可以确定共面三角形并移除附带的边，但不是在这些三角形上而是在 N 边形上执行布尔运算。完成布尔运算之后，对结果执行重复三角算法，然后在共面的边隐藏的情况下将结果发送回 3ds Max 2014 中。这样操作的结果的可靠性非常高，因为有更少的小边和三角形，因此结果输出更清晰。

在场景中选择需要布尔的模型，单击"■（创建）>○（几何体）> 复合对象 >ProBoolean"按钮，在"拾取布尔对象"卷展栏中单击"开始拾取"按钮，可在场景中拾取一个或多个布尔对象。

下面简单介绍常用的"PorBoolean"工具。

1. "拾取布尔对象"卷展栏

下面介绍"拾取布尔对象"卷展栏中的常用工具，如图 5-16 所示。

图 5-16

"开始拾取"按钮：单击"开始拾取"按钮，然后依次单击要传输至布尔对象的运算对象；在拾取每个运算对象之前，可以更改"参考""复制""移动""实例化"选项，以及"运算"和"应用材质"选项组。

"参考"单选按钮：将原始对象的参考复制作为布尔对象，这样，在合并到布尔对象中后，对象仍然存在，将来修改原来拾取的对象时，也会修改布尔运算；选中"参考"单选按钮可使对原始运算对象所做的修改与新的运算对象同步，反之则不行。

"复制"单选按钮：布尔运算使用所拾取运算对象的一个副本，布尔运算不会影响选择的对象，但其副本会参与布尔运算。

"移动"单选按钮：所拾取的运算对象成为布尔运算的一部分，不能再作为场景中的单独对象，这是默认选择。

"实例化"单选按钮：布尔运算会创建选择对象的一个实例，将来修改选择的对象时，也会修改参与布尔运算的实例化对象，反之亦然。

2. "参数"卷展栏

布尔工具的"参数"卷展栏如图 5-17 所示。

图 5-17

（1）"运算"选项组

"运算"选项组：设置布尔运算对象如何交互。

（2）"显示"选项组

"结果"单选按钮：只显示布尔运算而非单个运算对象的结果。

"运算对象"单选按钮：显示定义布尔结果的运算对象，可使用该模式编辑运算对象并修改结果。

（3）"应用材质"选项组

"应用运算对象材质"单选按钮：使布尔运算产生的新面应用运算对象的材质。

"保留原始材质"单选按钮：使布尔运算产生的新面保留原始对象的材质。

（4）"子对象运算"选项组

"提取所选对象"按钮：对在层次视图列表中高亮显示的运算对象应用运算。

"移除"单选按钮：从布尔结果中移除在层次视图列表中高亮显示的运算对象，它本质上撤销了加到布尔对象中的高亮显示的运算对象，提取的每个运算对象都再次成为顶层对象。

"复制"单选按钮：提取在层次视图列表中高亮显示的运算对象的副本，原始的运算对象仍然是布尔运算结果的一部分。

"实例"单选按钮：提取在层次视图列表中高亮显示的运算对象的一个实例，对提取的这个运算对象的后续修改也会修改原始的运算对象，因此会影响布尔对象。

"重排运算对象"按钮：重排在层次视图列表中更改高亮显示的运算对象的顺序，并将重排的运算对象移动到"重排运算对象"按钮旁边的文本字段中列出的位置。

"更改运算"按钮：为高亮显示的运算对象更改运算类型。

"层次视图"列表框：显示定义选择网格的所有布尔运算的列表。

5.1.5 【实战演练】文件架

文件架的制作主要是创建"长方体"和"样条线",结合使用"壳""挤出""ProBoolean"修改器制作文件架模型。模型效果参看云盘中的"场景 >Cha05>5.1.5 文件架 .max",如图 5-18 所示。

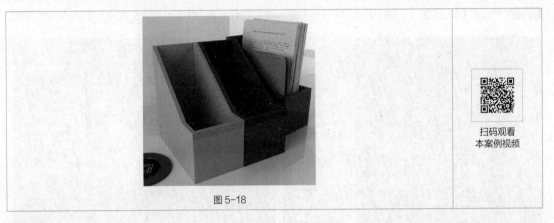

扫码观看
本案例视频

图 5-18

5.2 花瓶

5.2.1 【案例分析】

花瓶是家居摆件,可以放置到任何可以置物的家具上,作为装饰品,烘托氛围。

5.2.2 【设计思路】

创建"星形"作为图形,创建"线"作为路径,使用"放样"工具创建出放样模型,使用"变形"中的"缩放"和"扭曲"调整模型的形状,使用"壳"修改器设置模型的厚度,使用"涡轮平滑"修改器设置模型的平滑效果。模型效果参看云盘中的"场景 >Cha05>5.2 花瓶 .max",如图 5-19 所示。

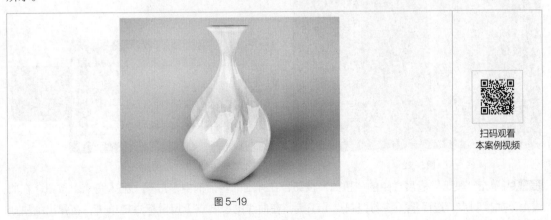

扫码观看
本案例视频

图 5-19

5.2.3 【操作步骤】

步骤① 单击"（创建）>（图形）>样条线 > 星形"按钮，在顶视图中创建星形。在"参数"卷展栏中设置"半径1"为110、"半径2"为85、"点"为6、"圆角半径1"为12、"圆角半径2"为20，如图5-20所示。

步骤② 单击"（创建）>（图形）>样条线 > 线"按钮，在前视图中创建直线，如图5-21所示。

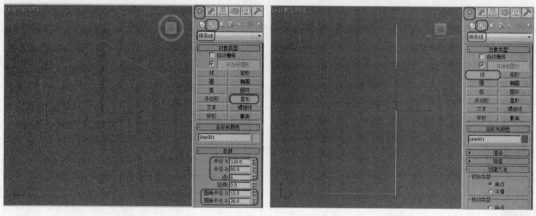

图5-20   图5-21

步骤③ 在场景中选择作为路径的线，单击"（创建）>（几何体）>复合对象 > 放样"按钮，在"创建方法"卷展栏中单击"获取图形"按钮，在场景中拾取星形，在"蒙皮参数"卷展栏中取消勾选"封口末端"复选框，使模型不被封口，如图5-22所示。

步骤④ 切换到（修改）面板中，在"变形"卷展栏中单击"缩放"按钮，在弹出的对话框中单击（插入角点）按钮，在曲线上添加控制点。选择（移动控制点）工具，在曲线的控制点上用鼠标右键单击，在弹出的快捷菜单中选择"Bezier-角点"命令，通过调整控制手柄，调整曲线的形状，如图5-23所示。

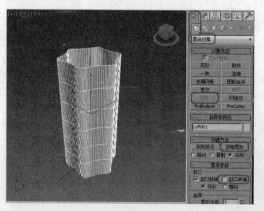

图5-22   图5-23

步骤⑤ 单击"变形"卷展栏中的"扭曲"按钮，在弹出的对话框中单击（插入角点）按钮，在曲线上添加控制点。选择（移动控制点）工具，在曲线的控制点上用鼠标右键单击，在弹出的快捷菜单中选择"Bezier-角点"命令，通过调整控制手柄调整曲线的形状，如图5-24所示。

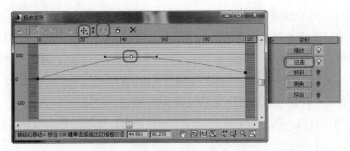

图 5-24

步骤 6 调整好模型后,为模型施加"壳"修改器,在"参数"卷展栏中设置"外部量"为 5,如图 5-25 所示。

步骤 7 为模型施加"涡轮平滑"修改器,使用默认的"迭代次数"即可,如图 5-26 所示。

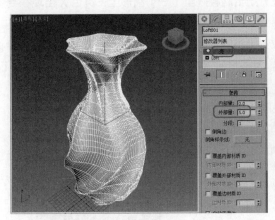

图 5-25

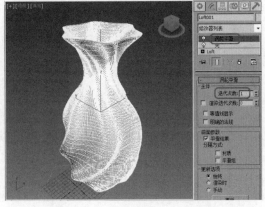

图 5-26

5.2.4 【相关工具】

放样前需要完成截面图形和路径图形的制作。一个放样对象只允许有一个路径,但截面图形可以有一个或多个,图 5-27 所示为一条路径的两个截面图形。下面简单介绍常用的工具。

1. "创建方法"卷展栏

"获取路径"按钮:如果选择了图形,可单击此按钮后在视图中选择将要作为路径的图形。

"获取图形"按钮:如果选择了路径,可单击此按钮后在视图中选择将要作为截面图形的图形。

"移动""复制""实例"单选按钮:默认选中"实例"单选按钮,这样原来的二维图形都将继续保留,如图 5-28 所示。

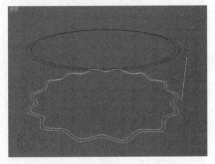

图 5-27

2. "路径参数"卷展栏

在放样对象的一条路径上,允许有多个不同的截面图形存在,它们共同控制放样对象的外形,如图 5-29 所示。

"路径"文本框:设置插入点在路径上的位置。

"捕捉"文本框：用于设置沿着路径图形之间的距离，该值依赖于所选择的测量方法，更改测量方法也会更改该值以保持捕捉间距不变。

"启用"复选框：勾选"启用"复选框时，"捕捉"处于活动状态，默认为禁用状态。

"百分比"单选按钮：将路径级别表示为路径总长度的百分比。

"距离"单选按钮：将路径级别表示为路径第 1 个顶点的绝对距离。

"路径步数"单选按钮：将图形置于路径步数和顶点上，而不是作为沿着路径的一个百分比或距离。

（拾取图形）按钮：将路径上的所有图形设置为当前级别；当在路径上拾取一个图形时，将禁用"捕捉"，且路径设置为拾取图形的级别，会出现黄色的 X；"拾取图形"按钮仅在"修改"面板中可用。

（上一个图形）按钮：从路径级别的当前位置上沿路径跳至上一个图形上，黄色 X 出现在当前级别上，单击此按钮可以禁用"捕捉"。

（下一个图形）按钮：从路径层级的当前位置上沿路径跳至下一个图形上，黄色 X 出现在当前级别上，单击此按钮可以禁用"捕捉"。

3．"蒙皮参数"卷展栏

图 5-30 所示为"蒙皮参数"卷展栏。

"封口始端"复选框：将对模型始端封口，默认为启用。

"封口末端"复选框：将对模型末端封口，默认为启用。

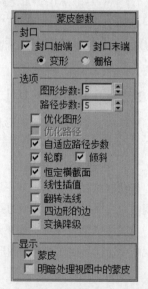

图 5-28

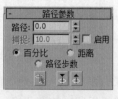

图 5-29

图 5-30

图 5-31（a）所示为封口，图 5-31（b）所示为未封口。

"变形"单选按钮：按照创建变形目标所需的可预见且可重复的模式排列封口面，变形封口能产生细长的面，与那些采用栅格封口创建的面一样，这些面也不进行渲染或变形。

"栅格"单选按钮：在图形边界处修剪的矩形栅格中排列封口面，此方法将产生一个由大小均等的面构成的表面，这些面可以被其他修改器很容易地变形。

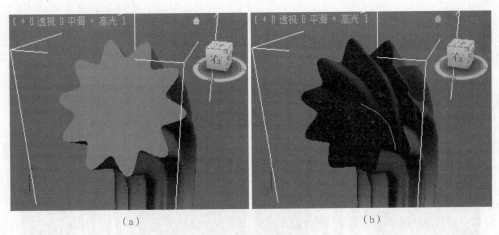

图 5-31

　　"图形步数"文本框：设置截面图形顶点之间的步数，增加该值会使造型外表皮更平滑，如图 5-32 所示，图 5-32（a）的"图形步数"为 1 的效果，图 5-32（b）的"图形步数"为 15 的效果。

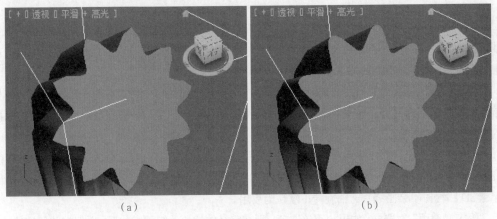

图 5-32

　　"路径步数"文本框：设置路径图形顶点之间的步数，增加该值会使造型弯曲更平滑，如图 5-33 所示，图 5-33（a）的"路径步数"为 3 的效果，图 5-33（b）的"路径步数"为 15 的效果。

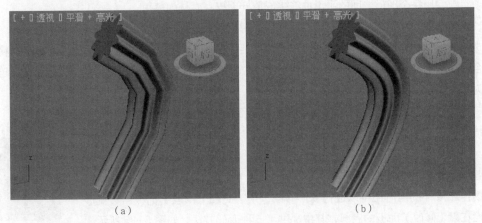

图 5-33

　　"优化图形"复选框：如果启用该选项，则对于横截面图形的直分段将忽略"图形步数"的影响；如果路径上有多个图形，则只优化在所有图形上都匹配的直分段；默认为禁用状态，如图 5-34 所示，图 5-34（a）为未启用"优化图形"选项的效果，图 5-34（b）为启用了"优化图形"选项的效果。

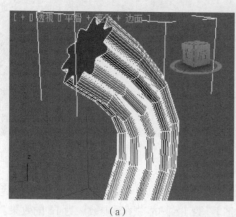 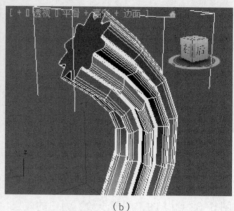

（a）　　　　　　　　　　　　　　　　　　（b）

图 5-34

　　"自适应路径步数"复选框：如果启用该选项，则分析放样，并调整路径分段的数目，以生成最佳蒙皮效果；主分段将沿路径出现在路径顶点、图形位置和变形曲线顶点处；如果禁用该选项，则主分段将沿路径只出现在路径顶点处；默认为启用。

　　"轮廓"复选框：如果启用该选项，则每个图形都将遵循路径的曲率，每个图形的正 z 轴与形状层级中路径的切线对齐；如果禁用该选项，则图形保持平行，且与放置在层级 0 中的图形保持相同的方向；默认为启用。

　　"倾斜"复选框：如果启用该选项，则只要路径弯曲并改变其局部 z 轴的高度，图形便围绕路径旋转，倾斜量由 3ds Max 2014 控制；如果是 2D 路径，则忽略该选项；如果禁用该选项，则图形在穿越 3D 路径时不会围绕其 z 轴旋转；默认为启用。

　　"恒定横截面"复选框：如果启用该选项，则在路径中的角处缩放横截面，以保持路径宽度一致；如果禁用该选项，则横截面保持其原来的局部尺寸，从而在路径角处产生收缩。

　　"线性插值"复选框：如果启用该选项，则使用每个图形之间的直边生成放样蒙皮；如果禁用该选项，则使用每个图形之间的平滑曲线生成放样蒙皮；默认为禁用。

　　"翻转法线"复选框：如果在创建放样模型时出现法线内现，启用该选项即可翻转法线。

　　"四边形的边"复选框：如果启用该选项，且放样对象的两部分具有相同数目的边，则将两部分缝合到一起的面将显示为四方形；具有不同边数的两部分之间的边将不受影响，仍与三角形连接；默认为禁用。

　　"变换降级"复选框：使放样蒙皮在子对象图形、路径变换过程中消失，例如移动路径上的顶点使放样消失；如果禁用该选项，则在子对象变换过程中可以看到蒙皮；默认为禁用。

4．"变形"卷展栏

　　物体在放样的同时还可以进行变形修改，切换到 （修改）面板，"变形"卷展栏在 （修改）面板的底部，其中提供了 5 种变形方法，如图 5-35 所示。

图 5-35

"缩放"按钮：在路径截面 x 轴、y 轴上进行缩放变形，如图 5-36 所示。

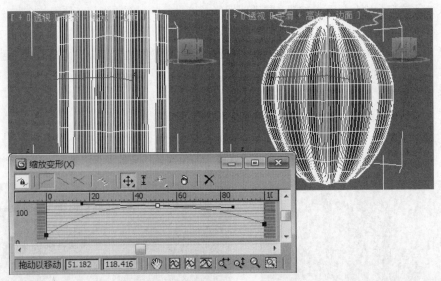

图 5-36

"扭曲"按钮：在路径截面 x 轴、y 轴上进行旋转变形，如图 5-37 所示。

"倾斜"按钮：在路径截面 z 轴上进行旋转变形，如图 5-38 所示。

图 5-37

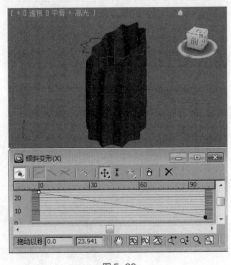

图 5-38

"倒角"按钮：产生倒角变形，如图 5-39 所示。

"拟合"按钮：进行三视图拟合放样控制，如图 5-40 所示。

下面介绍上述 5 种变形方法对话框中几种常用的工具。

（移动控制顶点）按钮：可以移动控制线上的控制点，从而改变控制线的形状。

（插入角点）按钮：可以在控制线上插入一个角点。

（删除控制点）按钮：将当前选择的控制点删除，也可以通过按 Delete 键删除所选的点。

（重置曲线）按钮：删除所有控制点（两端的控制点除外）并恢复曲线的默认值。

（最大化显示）按钮：更改视图放大值，使整个变形曲线可见。

（水平方向最大化显示）按钮：更改沿路径长度进行的视图放大值，使得整个路径区域在对话框中可见。

（垂直方向最大化显示）按钮：更改沿变形值进行的视图放大值，使得整个变形区域在对话框中显示。

（水平缩放）按钮：更改沿路径长度进行的放大值。

（垂直缩放）按钮：更改沿变形值进行的放大值。

（缩放）按钮：更改沿路径长度和变形值进行的放大值，保持曲线的纵横比。

（缩放区域）按钮：在变形栅格中拖曳区域，可将区域相应放大，以填充变形对话框。

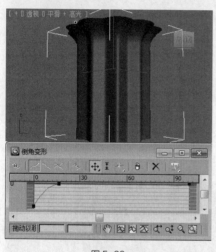

图 5-39

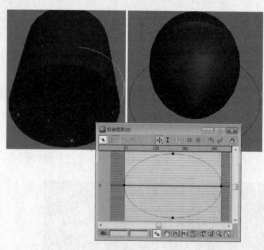

图 5-40

5.2.5 【实战演练】桌布

创建"圆"和"星形"作为放样图形，创建"线"作为放样路径，创建出放样模型后设置模型的"倒角"效果，完成桌布的创建。模型效果参看云盘中的"场景 >Cha05>5.2.5 桌布 .max"，如图 5-41所示。

扫码观看
本案例视频

图 5-41

5.3　哑铃

5.3.1　【案例分析】

随着生活水平的提高，人们越来越注意身体健康和体形的美丽，适量的室内锻炼是不错的选择。哑铃是举重和健身练习的一种辅助器材，本案例制作一个哑铃模型。

5.3.2　【设计思路】

创建"切角圆柱体"并施加"编辑多边形"修改器制作重量锤，镜像复制删除多边形后的切角圆柱体，为两个切角圆柱体创建"连接"。模型效果参看云盘中的"场景 >Cha05>5.3 哑铃 .max"，最终的效果图场景可以参考"场景 >Cha05>5.3 哑铃 .max"，如图 5-42 所示。

扫码观看
本案例视频

图 5-42

5.3.3　【操作步骤】

步骤① 单击"（创建）>（几何体）>扩展基本体 > 切角圆柱体"按钮，在前视图中创建切角圆柱体。在"参数"卷展栏中设置"半径"为 90、"高度"为 100、"圆角"为 20、"圆角分段"为 5、"边数"为 6，如图 5-43 所示。

步骤② 为模型施加"编辑多边形"修改器，将选择集定义为"多边形"。选择图 5-44 所示的多边形，使用（选择并均匀缩放）工具在前视图中均匀缩放多边形，按 Delete 键删除多边形。

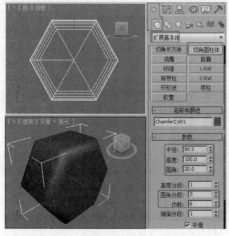

图 5-43

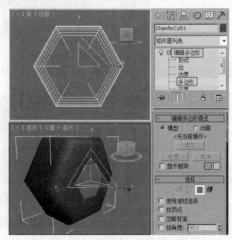

图 5-44

步骤❸ 激活顶视图，使用▦（镜像）工具镜像复制模型，如图 5-45 所示。

步骤❹ 选择其中一个模型，单击"❖（创建）> ◎（几何体）> 复合对象 > 连接"按钮，在"拾取操作对象"卷展栏中单击"拾取操作对象"按钮，连接另一个模型，如图 5-46 所示。

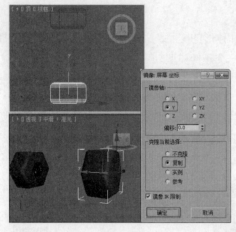

图 5-45

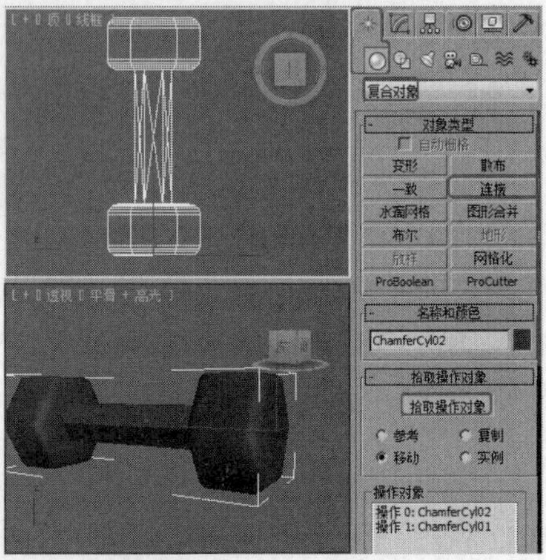

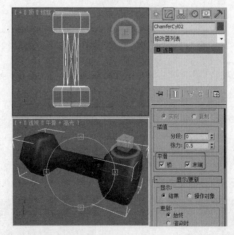

图 5-46

步骤❺ 切换到▨（修改）面板，在"参数"卷展栏的"平滑"选项组中勾选"桥""末端"复选框，如图 5-47 所示。

图 5-47

步骤❻ 为模型施加"涡轮平滑"修改器，设置模型的平滑效果，如图 5-48 所示。

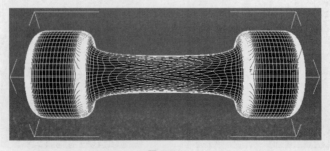

图 5-48

5.3.4 【相关工具】

使用"连接"工具，可通过对象表面的洞连接两个或多个对象。要执行此操作，需删除每个对象的面，在其表面创建一个或多个洞，并确定洞的位置，以使洞与洞之间面对面，然后应用"连接"。

1."拾取操作对象"卷展栏

"拾取操作对象"按钮：单击此按钮将另一个操作对象与原始对象相连，可以采用一个包含两个洞的对象作为原始对象，并安排另外两个对象，每个对象均包含一个洞并位于洞的外部；单击"拾取操作对象"按钮，选择其中一个对象，连接该对象，然后再次单击"拾取操作对象"按钮，选择另一个对象，连接该对象，这两个连接的对象均被添加至"操作对象"列表中。

"参考""复制""移动""实例"单选按钮：用于指定将操作对象转换为复合对象的方式，对象可以作为引用、副本、实例或移动（如果不保留原始对象）进行转换。如图 5-49 所示。

图 5-49

提示 "连接"工具只能用于能够转换为可编辑表面的对象，如可编辑网格、可编辑多边形。

2."参数"卷展栏

（1）"操作对象"选项组

"操作对象"选项组如图 5-50 所示。

"操作对象"列表框：显示当前的操作对象，在列表框中单击操作对象，即可选择该对象，可以进行重命名、删除或提取操作。

"名称"文本框：重命名所选的操作对象，在文本框中输入新的名称，然后按 Tab 键或 Enter 键。

"删除操作对象"按钮：将所选操作对象从列表中删除。

"提取操作对象"按钮：提取选择操作对象的副本或实例，在列表框中选择一个操作对象即可启用此按钮。

图 5-50

提示 "提取操作对象"按钮仅在 （修改）面板中可用。如果当前为 （创建）面板，则无法提取操作对象。

（2）"平滑"选项组

"桥"复选框：在连接桥的面之间应用平滑。

"末端"复选框：在和连接桥新旧表面接连的面与原始对象之间应用平滑；如果禁用该选项，系统将给桥指定一个新的材质 ID，新的 ID 将高于为两个原始对象所指定的最高的 ID；如果启用该选项，则采用其中一个原始对象中的 ID。

5.3.5 【实战演练】牙膏

首先创建圆柱体，将圆柱体转换为"可编辑多边形"，调整一端的顶点，将顶面的多边形删除，创建长方体，将长方体一端朝向圆柱体一端，将朝向圆柱体的一个多边形删除，并将其进行连接处理，然后将模型转换为"可编辑多边形"，并复制调整边界为牙膏嘴，创建星形，并将其挤出，将星形模型转换为"可编辑多边形"，并调整一点的顶点，完成牙膏模型的制作。模型效果参看云盘中的"场景 >Cha05>5.3.5 牙膏 .max"，如图 5-51 所示。

扫码观看
本案例视频

图 5-51

5.4　综合演练——保龄球

5.4.1　【案例分析】

保龄球又称为地滚球，是一种室内体育运动，保龄球运动具有娱乐性、趣味性、对抗性和技巧性，给人身体和意志的锻炼。

5.4.2　【设计思路】

本案例介绍常规保龄球模型的制作，主要是在圆球上开洞来制作出保龄球的模型效果。

5.4.3　【知识要点】

本案例介绍使用几何体工具和"布尔"工具制作保龄球模型。模型效果参看云盘中的"场景 >Cha05>5.4 保龄球 .max"，最终的效果图场景可以参考"场景 >Cha05>5.4 保龄球 .max"，如图 5-52 所示。

扫码观看
本案例视频

图 5-52

5.5 综合演练——菜篮

5.5.1 【案例分析】

菜篮是买菜时使用的篮子，一般放置在厨房。

5.5.2 【设计思路】

本案例制作的是一种竹编圆形篮子，其中篮子边和提手是麻花状的竹编，用来修饰篮子边。

5.5.3 【知识要点】

创建线、圆、弧并调整形状和参数，结合"放样"工具和"编辑样条线""车削"修改器，完成菜篮模型的制作。模型效果参看云盘中的"场景 >Cha05>5.5 菜篮 .max"，最终的效果图场景可以参考"场景 >Cha05>5.4 菜篮 .max"，如图 5-53 所示。

图 5-53

扫码观看
本案例视频

06 第 6 章
几何体的形体变化

在现实中，物体的造型是千变万化的，用 3ds Max 2014 创建的很多几何体或图形都需要经过修改才能达到理想的状态。3ds Max 2014 提供多种三维变形修改命令，通过这些修改命令几乎可以创建出所有的模型。

形体变化的效果可用于汽车或坦克类的计算机动画中，也可用于构建椅子和雕塑这类的图形。

课堂学习目标

- 掌握 FFD 自由形式变形方法
- 了解 NURBS 建模方法

知识目标

- 了解"FFD（长方体）"修改器
- 了解使用 NURBS 建模

能力目标

- 掌握"FFD（长方体）"修改器建模的方法
- 掌握 NURBS 曲面的创建和修改

素养目标

- 培养对几何体形体变化的设计创意能力

实训目标

- 单人沙发
- 金元宝

6.1 单人沙发

6.1.1 【案例分析】

本案例设计制作单人沙发模型，扶手采用曲线侧面，使扶手、靠背和底部无缝衔接在一起，配合基本的靠枕和支架制作一款较为舒适、具有现代感的单人沙发。

6.1.2 【设计思路】

使用"切角长方体"工具创建切角长方体，为其施加"编辑多边形""涡轮平滑""FFD（长方体）"修改器制作沙发和沙发垫模型，使用"矩形"工具创建矩形，为其施加"编辑样条线""挤出"修改器制作底座模型。模型效果参看云盘中的"场景 >Cha06>6.1 单人沙发 .max"，最终的效果果图场景可以参考"场景 >Cha06>6.1 单人沙发 .max"，如图 6-1 所示。

图 6-1

扫码观看
本案例视频

6.1.3 【操作步骤】

步骤 ❶ 单击 " （创建）> （几何体）>扩展基本体 > 切角长方体" 按钮，在顶视图中创建切角长方体，在"参数"卷展栏中设置"长度"为 700，"宽度"为 800，"高度"为 150，"圆角"为 20，"长度分段"为 8，"宽度分段"为 7，"高度分段"为 1，"圆角分段"为 3，如图 6-2 所示。

步骤 ❷ 切换到 （修改）面板，在修改器列表中选择"编辑多边形"修改器，将选择集定义为"多边形"，选择图 6-3 所示顶部的多边形，在"编辑多边形"卷展栏中单击"倒角"后的 （设置）按钮，在弹出的对话框中设置"挤出类型"为"组"，"高度"为 400，单击"确定"按钮。

提示

在调整控制点时，可以选择每组控制点，结合使用移动和旋转工具调整，直至调整到满意的效果为止。

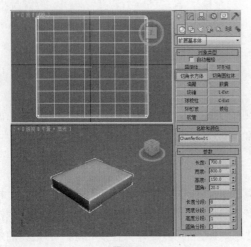
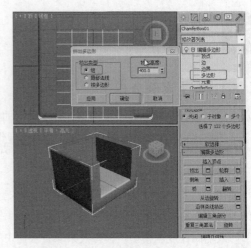

图6-2　　　　　　　　　　　　　　　　　　　　　图6-3

步骤③ 为模型施加"涡轮平滑"修改器，在"涡轮平滑"卷展栏中设置"迭代次数"为2，如图6-4所示。

步骤④ 为模型施加"FFD（长方体）4×4×4"修改器，将选择集定义为"控制点"，在左视图中调整控制点，如图6-5所示，关闭选择集。

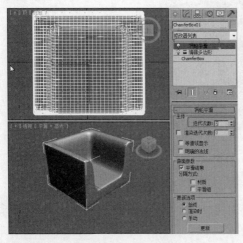
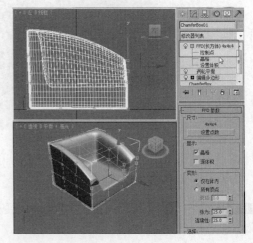

图6-4　　　　　　　　　　　　　　　　　　　　　图6-5

步骤⑤ 再次为模型施加"FFD（长方体）"修改器，将选择集定义为"控制点"，在左视图中调整控制点，如图6-6所示，关闭选择集。

步骤⑥ 在顶视图中创建切角长方体作为沙发垫模型，在"参数"卷展栏中设置"长度"为595，"宽度"为540，"高度"为100，"圆角"为15，"长度分段"为8，"宽度分段"为7，"高度分段"为1，"圆角分段"为3，并调整模型至合适的位置，如图6-7所示。

步骤⑦ 切换到 ☑（修改）面板，为模型施加"涡轮平滑"修改器，在"涡轮平滑"卷展栏中设置"迭代次数"为2，如图6-8所示。

步骤⑧ 为模型施加"FFD（长方体）4×4×4"修改器，将选择集定义为"控制点"，在场景中选择顶部中间的4个控制点，在前视图中调整，如图6-9所示，关闭选择集。

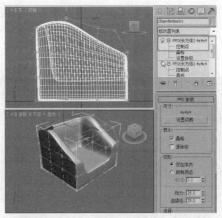

图 6-6

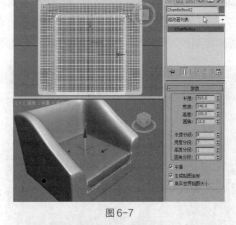

图 6-7

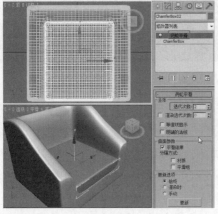

图 6-8

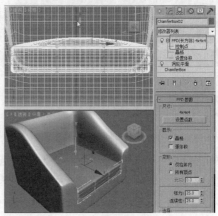

图 6-9

步骤 ⑨ 单击 "⚙（创建）> ◎（图形）> 样条线 > 矩形" 按钮，在左视图中创建圆角矩形，在 "参数" 卷展栏中设置 "长度" 为 60，"宽度" 为 600，"角半径" 为 10，如图 6-10 所示。

步骤 ⑩ 切换到 ◢（修改）面板，为矩形施加 "编辑样条线" 修改器，将选择集定义为 "样条线"。在 "几何体" 卷展栏中单击 "轮廓" 按钮，在左视图中拖曳鼠标指针设置合适的轮廓，如图 6-11 所示，关闭选择集。

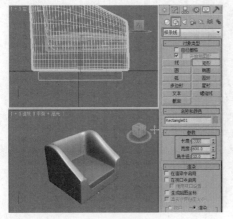

图 6-10

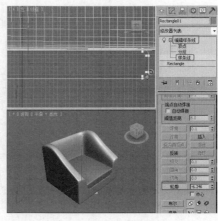

图 6-11

步骤 ⑪ 为图形施加"挤出"修改器，在"参数"卷展栏中设置"数量"为 40，调整模型至合适的位置作为沙发腿模型，如图 6-12 所示。

步骤 ⑫ 复制沙发腿模型，并将其调整到另一侧沙发腿的位置，完成的模型如图 6-13 所示。

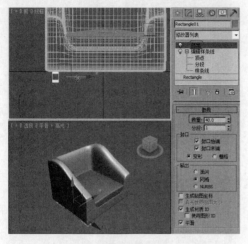
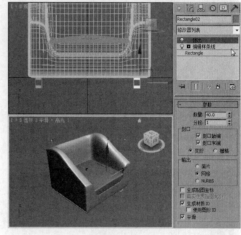

图 6-12   图 6-13

6.1.4 【相关工具】

"FFD（长方体）"修改器

使用 FFD 修改器，可以用晶格框包围选择的几何体，调整晶格的控制点，可以改变封闭几何体的形状。FFD 修改器可分为 5 种，即"FFD2×2×2""FFD3×3×3""FFD（长方体）4×4×4""FFD（长方体）"和"FFD（圆柱体）"。

无论是哪种类型的 FFD 修改器，在应用该修改器后，都需进入"控制点"子物体，如图 6-14 所示，才能在视图中对控制点进行移动、旋转、缩放等变换，从而实现模型的自由变形。

下面以"FFD（长方体）"修改器为例，介绍其修改器卷展栏中的常用工具，图 6-15 所示为"FFD 参数"卷展栏。

图 6-14

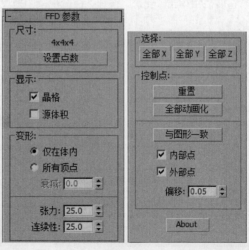

图 6-15

（1）"尺寸"选项组

"设置点数"按钮：单击该按钮，弹出"设置 FFD 尺寸"对话框，其中包含"长度""宽度""高度"微调器及"确定 / 取消"按钮，指定晶格所需的控制点数目，然后单击"确定"按钮进行更改，默认设置为"4×4×4"。

（2）"显示"选项组

"晶格"复选框：绘制连接控制点的线条以形成栅格，虽然绘制的线条有时会使视口显得混乱，但它们可以使晶格形象化。

"源体积"复选框：控制点和晶格会以未修改的状态显示，当在"晶格"子物体层级时，将帮助摆放源体积位置。

（3）"变形"选项组

"仅在体内"单选按钮：只有位于源体积内的顶点才会变形，默认为启用。

"所有顶点"单选按钮：将所有顶点变形，不管它们是位于源体积的内部，还是外部，体积外的变形是对体积内的变形的延续，远离源晶格的点的变形可能会很严重。

（4）"控制点"选项组

"重置"按钮：使所有控制点返回它们的原始位置。

6.1.5 【实战演练】沙发靠背

创建切角长方体作为沙发靠背，应用 FFD 修改器调整模型的形状。模型效果参看云盘中的"场景 >Cha06>6.1.5 沙发靠背 .max"，最终的效果图场景可以参考"场景 >Cha06>6.1.5 沙发靠背 .max"，如图 6-16 所示。

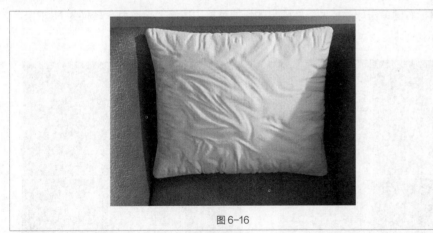

扫码观看
本案例视频

图 6-16

6.2 金元宝

6.2.1 【案例分析】

本案例将制作金元宝模型，在制作过程中要参考元宝图片。

6.2.2 【设计思路】

创建球体，将球体转换为"NURBS 曲面"，然后通过"曲面 CV"修改器调整模型的形状。模型效果参看云盘中的"场景 >Cha06>6.2 元宝 .max"，最终的效果图场景可以参考"场景 >Cha06>6.2 元宝 .max"，如图 6-17 所示。

图 6-17

扫码观看
本案例视频

6.2.3 【操作步骤】

步骤① 单击"（创建）>（几何体）> 标准基本体 > 球体"按钮，在顶视图中创建球体，在"参数"卷展栏中设置"半径"为 100，"分段"为 50，如图 6-18 所示。

步骤② 在场景中用鼠标右键单击球体模型，在弹出的快捷菜单中选择"转换为 > 转换为 NURBS"命令，如图 6-19 所示。

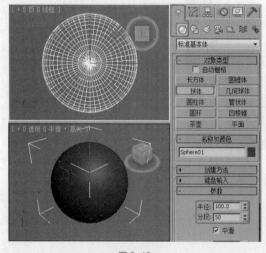

图 6-18

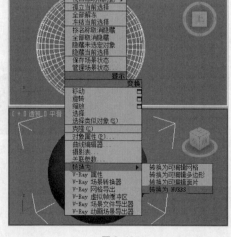

图 6-19

步骤③ 切换到（修改）面板，将当前选择集定义为"曲面 CV"，在场景中选择图 6-20 所示的 CV 点。

步骤④ 在工具栏中单击 🔲（选择并均匀缩放）按钮，在顶视图中均匀缩放模型，如图 6-21 所示。

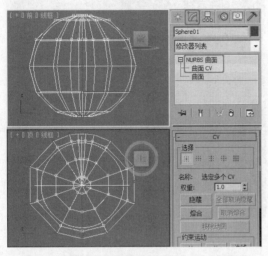

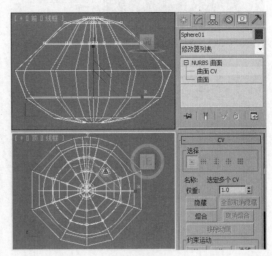

图 6-20   图 6-21

步骤⑤ 在前视图中选择上面的 CV 点，使用 ✥（选择并移动）工具在前视图中调整 CV 点，如图 6-22 所示。

步骤⑥ 关闭选择集，使用 🔲（选择并均匀缩放）工具在顶视图中沿 y 轴对模型进行缩放，如图 6-23 所示。

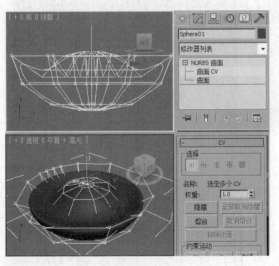

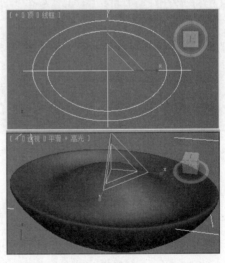

图 6-22   图 6-23

步骤⑦ 在前视图中调整两边的 CV 点，如图 6-24 所示。

步骤⑧ 选择图 6-25 所示的 CV 点。

步骤⑨ 调整 CV 点，如图 6-26 所示。

步骤⑩ 继续调整 CV 点，如图 6-27 所示。

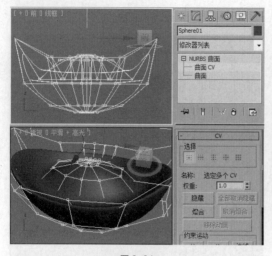

图 6-24

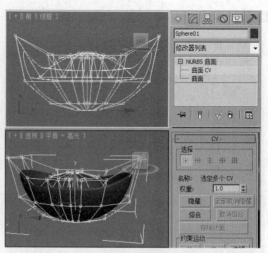

图 6-25

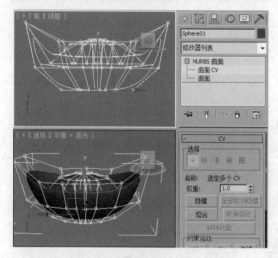

图 6-26

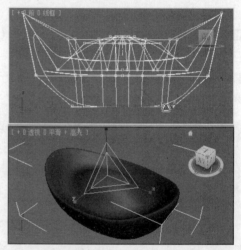

图 6-27

6.2.4 【相关工具】

下面通过实例介绍常用的 NURBS 工具。

1. 创建 NURBS 曲线

单击" (创建) > (图形) >NURBS 曲线 > 点曲线"按钮，在视图中创建点曲线。点曲线的创建与线的创建不同，它以创建点来规定曲线的拐角，创建出的 NURBS 曲线是平滑曲线，如图 6-28 所示。

CV 曲线是由控制点 CV 控制的，控制点 CV 不位于曲线上，它们定义一个包含曲线的控制晶格，每一个 CV 都具有一个权重，可通过调整它来更改曲线，图 6-29 所示为创建的 CV 曲线。

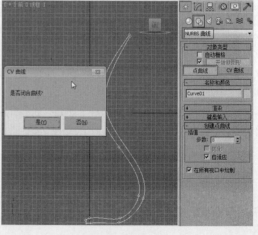

图 6-28

与图形相同的是，NURBS 曲线也拥有子物体层级，也可以调整曲线的形状，如图 6-30 所示。

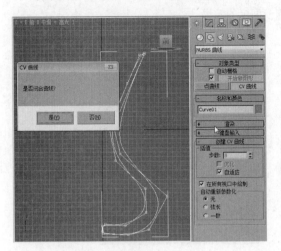 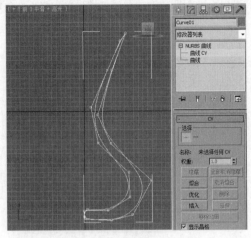

图 6-29　　　　　　　　　　　　　图 6-30

2. 创建 NURBS 曲面

单击"（创建）>（几何体）>NURBS 曲面 > 点曲面"按钮，在场景中创建点曲面或 CV 曲面，如图 6-31 所示。

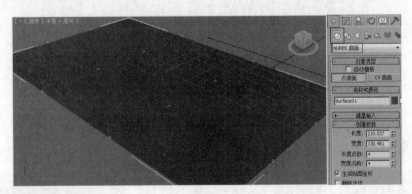

图 6-31

切换到（修改）面板，从中可以调整"点"或"CV"模型，如图 6-32 所示。

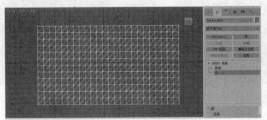

图 6-32

3. NURBS 工具箱

下面介绍 NURBS 工具箱中的常用工具。

（创建车削曲面）按钮：为至少包含一条曲线的 NURBS 对象施加"车削"修改器，如图 6-33

所示，切换到 🖊（修改）面板，在"NURBS"工具箱中单击 🖼（创建车削曲面）按钮，在场景中选择需要车削的曲线创建车削，图 6-34 所示为车削模型后的效果。

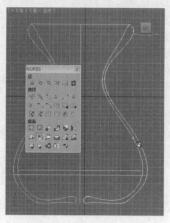

图 6-33　　　　　　　　　　　　　　图 6-34

🖼（创建 U 向放样曲面）按钮：选择至少包含两条曲线的 NURBS 对象，启用"U 放样"，图 6-35 所示为创建的放样曲线。

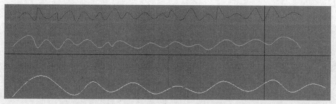

图 6-35

在场景中调整放样曲线，如图 6-36 所示，将创建的放样曲线附加在一起，如图 6-37 所示。在工具箱中单击 🖼（创建 U 向放样曲面）按钮，依次选择创建的放样曲线，如图 6-38 所示。

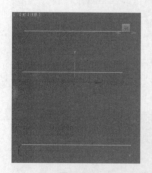

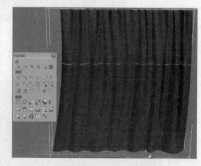

图 6-36　　　　　　　　　图 6-37　　　　　　　　　图 6-38

🖼（创建曲面上的 CV 曲线）按钮：使用该工具可以在曲面上创建曲线，如图 6-39 所示。在曲面上创建了 CV 曲线后，在 🖊（修改）面板中可以修剪出 CV 曲线中的曲面，如图 6-40 所示。

🖼（创建挤出曲面）按钮：选择至少包含一条曲线的 NURBS 对象，单击"挤出曲面"按钮，如图 6-41 所示。

🖼（创建封口曲面）按钮：选择 NURBS 对象，单击"封口曲面"按钮，如图 6-42 所示。

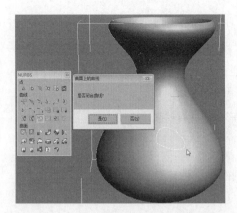

图 6-39

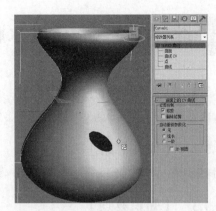

图 6-40

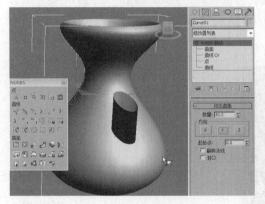

图 6-41

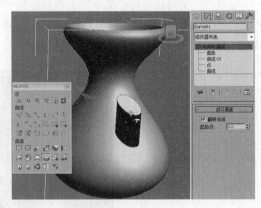

图 6-42

6.2.5 【实战演练】花瓶

创建 NURBS 曲线，并使用 NURBS 工具箱中的 （创建车削曲面）工具车削出模型。最终效果参看云盘中的"Cha06> 效果 >6.2.5 花瓶 .max"，最终的效果图场景可以参考"场景 >Cha06>6.2.5 花瓶 .max"，如图 6-43 所示。

图 6-43

扫码观看
本案例视频

6.3　综合演练——洗发水瓶

6.3.1　【案例分析】

本案例设计制作洗发水瓶模型，其造型采用圆弧形，稍微有些弧度即可。

6.3.2　【设计思路】

以模拟真实的洗发水瓶为例，结合 FFD 修改器制作洗发水瓶模型。

6.3.3　【知识要点】

使用"切角圆柱体""文本"工具，结合"编辑多边形""壳""挤出""FFD（长方体）"
修改器制作洗发水瓶模型，模型效果参看云盘中的"场景 >Cha06>6.3 洗发水瓶 .max"，如图 6-44
所示。

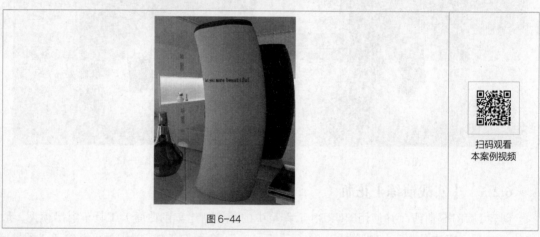

图 6-44

扫码观看
本案例视频

6.4　综合演练——坐便器

6.4.1　【案例分析】

本案例将制作一款家用的简约坐便器，采用常见的坐便器造型，使蓄水箱隐藏到马桶座的后面，
这样的坐便器既省空间又实用。

6.4.2　【设计思路】

制作一个简单的坐便器，不仅要考虑到实用性，还要让坐便器美观，本案例制作一个弧形的坐
便器，如图 6-45 所示。

6.4.3　【知识要点】

创建切角长方体，结合使用"FFD4×4×4"修改器调整出马桶形状，复制模型，为复制出的

模型施加"编辑多边形"修改器，删除多边形绘制出马桶盖模型，再使用"FFD4×4×4"修改器调整马桶盖效果，为马桶盖施加"壳"修改器完成马桶的制作。模型效果参看云盘中的"场景 > Cha06>6.4 坐便器 .max"。

扫码观看
本案例视频

图 6-45

07 第 7 章
材质和纹理贴图

　　VRay 是目前最优秀的渲染插件之一，尤其是在产品渲染和室内外效果图制作中，VRay 是速度较快、渲染效果数一数二的优秀渲染插件。

　　VRay 渲染器的材质类型较多，3ds Max 2014 材质系统中的标准材质，通过 VRay 材质也可以进行漫反射、反射、折射、透明、双面等基本设置，但该材质类型必须在当前渲染器类型为 VRay 时才能使用，贴图系统中的 VRay 贴图类似于 3ds Max 2014 贴图系统中的光线跟踪贴图，但功能更加强大。

课堂学习目标

- ✓ 掌握 3ds Max 2014 中的标准材质的设置方法
- ✓ 掌握 VRay 材质的设置方法
- ✓ 了解 VRay 材质的应用

知识目标

- ✳ 熟悉材质编辑器
- ✳ 了解常用材质和贴图

能力目标

- ○ 掌握材质编辑器的参数设定
- ○ 掌握常用材质和贴图的使用

素养目标

- ✦ 培养对不同材质和纹理贴图的创意应用能力

实训目标

- ◆ 钢管材质的设置
- ◆ 天鹅绒布纹材质的设置
- ◆ 软塑料材质的设置
- ◆ 皮革材质的设置

7.1 钢管材质的设置

7.1.1 【案例分析】

金属材质的特点是具有强烈的反射效果，本案例介绍使用 3ds Max 2014 设置钢管的材质。

7.1.2 【设计思路】

设置"明暗器类型"为"金属"，这样可以使材质具有金属的特性，使用"位图"贴图设置金属材质的反射，使金属材质具有真实的反射效果。最终效果参考"场景 >Cha07>7.1 钢管 ok.max"，如图 7-1 所示。

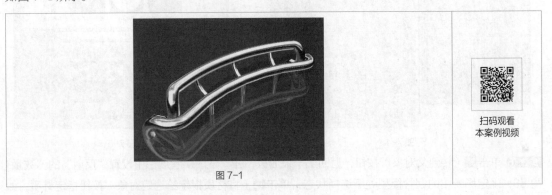

扫码观看
本案例视频

图 7-1

7.1.3 【操作步骤】

步骤① 单击 ![icon](应用程序）按钮，在弹出的菜单中选择"打开"命令，打开素材文件（素材文件为云盘中的"场景 >Cha07>7.1 钢管 .max"），打开的场景如图 7-2 所示。

步骤② 在场景中选择钢管模型。按 M 键，打开"材质编辑器"对话框，选择一个新的材质样本球，将其命名为"钢管"，并在"明暗器基本参数"卷展栏中设置明暗器类型为"（M）金属"。

步骤③ 在"金属基本参数"卷展栏中设置"环境光"的红、绿、蓝值分别为 0、0、0，设置"漫反射"的红、绿、蓝值分别为 255、255、255；在"反射高光"选项组中设置"高光级别"和"光泽度"分别为 100 和 80，如图 7-3 所示。

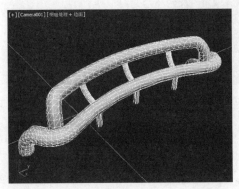

图 7-2

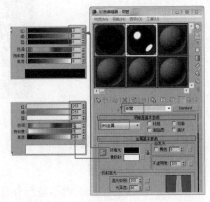

图 7-3

步骤④ 在"贴图"卷展栏中单击"反射"后的"None"按钮，在弹出的"材质/贴图浏览器"对话框中选择"位图"贴图，单击"确定"按钮，如图7-4所示。

步骤⑤ 在弹出的对话框中选择云盘中的"贴图 > LAKEREM.JPG"文件，单击"打开"按钮，如图7-5所示，进入贴图层级，使用默认参数。

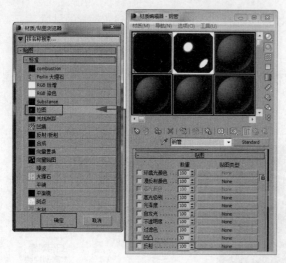

图 7-4

图 7-5

步骤⑥ 单击 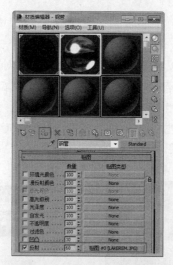（转到父对象）按钮，返回上一级面板，在"贴图"卷展栏中设置"反射"的"数量"为60，确定场景中的钢管模型处于选择状态，单击 （将材质指定给选定对象）按钮指定材质，如图7-6所示。

图 7-6

7.1.4 【相关工具】

1. 认识"材质编辑器"

3ds Max 2014的材质编辑器是一个独立的模块，可以通过选择"渲染 > 材质编辑器"命令或在

工具栏中单击 🔲（材质编辑器）按钮（快捷键为 M），打开"材质编辑器"对话框，如图 7-7 所示。

"材质编辑器"对话框中，各部分的功能如下。

标题栏用于显示当前材质的名称，如图 7-8 所示。

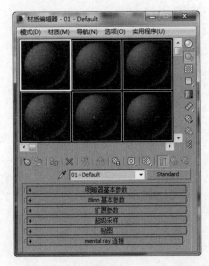

图 7-7

图 7-8

菜单栏将最常用的材质编辑命令放在其中，如图 7-9 所示。

实例窗口用于显示材质编辑的情况，如图 7-10 所示。

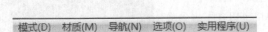

图 7-9

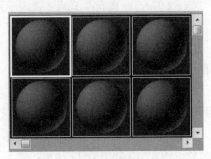

图 7-10

工具按钮区用于进行快捷操作，如图 7-11 所示。

参数控制区用于编辑和修改材质效果，如图 7-12 所示。

图 7-11

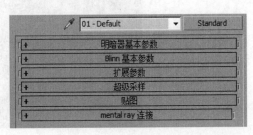

图 7-12

下面简单介绍常用的工具按钮。

▣（获取材质）按钮：用于从材质库中获取材质，材质库文件为 MAT 文件。

▣（将材质指定给选定对象）按钮：用于指定材质。

▣（在视口中显示标准贴图）按钮：用于在视口中显示贴图。

▣（转到父对象）按钮：用于返回材质的上一层。

▣（转到下一个同级项）按钮：用于从当前材质层转到同一层的另一个贴图或材质层。

▣（背景）按钮：用于增加方格背景，常用于编辑透明材质。

▣（按材质选择）按钮：用于根据材质选择场景物体。

2. "明暗器基本参数"卷展栏

"明暗器基本参数"卷展栏可用于选择标准材质的明暗器类型。选择一个明暗器后，"明暗器基本参数"卷展栏可更改为显示所选明暗器的控件。默认明暗器为 Blinn，如图 7-13 所示，下面简单介绍常用工具。

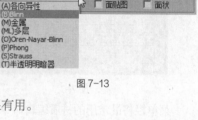

图 7-13

"Blinn"选项：适用于圆形物体，这种情况高光要比 Phong 着色更柔和。

"金属"选项：适用于金属表面。

"各向异性"选项：适用于椭圆形表面，这种情况有"各向异性"高光，如果为头发、玻璃或磨砂金属建模，这些高光很有用。

"多层"选项：适用于比"各向异性"更复杂的高光。

"Oren-Nayar-Blinn"选项：适用于无光表面（如纤维或土地）。

"Phong"选项：适用于具有强度很高的、圆形高光的表面。

"Strauss"选项：适用于金属和非金属表面，Strauss 明暗器的界面比其他明暗器的简单。

"半透明明暗器"选项：与 Blinn 着色类似，"半透明明暗器"也可用于指定半透明，在这种情况下，光线穿过材质时会散开。

"线框"复选框：以线框模式渲染材质，用户可以在扩展参数上设置线框的大小，如图 7-14 所示。

"双面"复选框：使材质成为两面，即将材质应用到选择面的双面，图 7-15（a）所示为未勾选"双面"复选框的效果，图 7-15（b）所示为勾选"双面"复选框的效果。

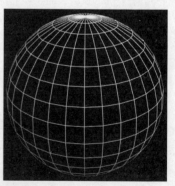

图 7-14

（a）　　　　　　　　　　（b）

图 7-15

"面贴图"复选框：将材质应用到几何体的各面，如果材质是贴图材质，则不需要贴图坐标，图 7-16（a）所示为未启用"面贴图"选项的效果，图 7-16（b）所示为启用"面贴图"选项的效果。

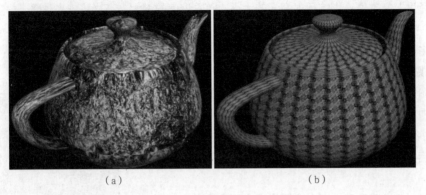

（a）　　　　　　　　　　　　（b）

图 7-16

"面状"复选框：就像表面是平面一样，渲染表面的每一面。

3．"基本参数"卷展栏

"基本参数"卷展栏因所选的明暗器而异，下面以"Blinn 基本参数"卷展栏为例，介绍常用的工具，如图 7-17 所示。

"环境光"选项：控制环境光的颜色，环境光颜色是位于阴影中的颜色（间接灯光）。

"漫反射"选项：控制漫反射颜色，漫反射颜色是位于直射光中的颜色。

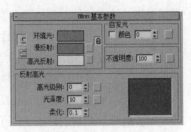

图 7-17

"高光反射"选项：控制高光反射颜色，高光反射颜色是发光物体高亮显示的颜色。

"不透明度"文本框：控制材质是不透明、透明还是半透明。

（1）"自发光"选项组

"自发光"使用漫反射颜色替换曲面上的阴影，从而创建白炽效果。勾选"颜色"复选框时，自发光颜色将取代环境光。图 7-18（a）所示为"颜色"值为 0 的效果，图 7-18（b）所示为"颜色"值为 80 的效果。

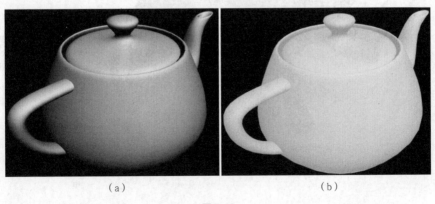

（a）　　　　　　　　　　　　（b）

图 7-18

（2）"反射高光"选项组

"高光级别"文本框：影响反射高光的强度，随着该值的增大，高光将越来越亮。

"光泽度"文本框：影响反射高光的大小，随着该值的增大，高光将越来越暗，材质将变得越来越亮。

"柔化"文本框：柔化反射高光的效果。

4."贴图"卷展栏

"贴图"卷展栏包含每个贴图类型的按钮。单击此按钮可选择计算机中存储的位图文件，或者选择程序贴图类型。选择位图之后，它的名称和类型会出现在按钮上。使用按钮左边的复选框，可禁用或启用贴图效果，如图 7-19 所示。下面介绍常用的贴图类型。

图 7-19

"漫反射颜色"贴图：可以选择位图文件或程序贴图，将图案或纹理指定给材质的漫反射颜色。

"自发光"贴图：可以选择位图文件或程序贴图设置自发光值的贴图，这样将使对象的部分发光；贴图的白色区域渲染为完全自发光，不使用自发光渲染黑色区域，灰色区域渲染为部分自发光，具体情况取决于灰度值。

"不透明度"贴图：可以选择位图文件或程序贴图生成部分透明的对象，贴图的浅色（较高的值）区域渲染为不透明，深色区域渲染为透明，深色与浅色之间的区域渲染为半透明。

"反射"贴图：设置贴图的反射，可以选择位图文件设置金属和瓷器的反射图像。

"折射"贴图: 折射贴图类似于反射贴图，它将视图贴在表面上，使图像看起来就像透过表面一样，而不是从表面反射的样子。

7.1.5　【实战演练】石材材质的设置

设置"漫反射颜色"贴图为位图，并指定一个石材贴图。最终效果参考云盘中的"场景 > Cha07>7.1.5 石材材质的设置 ok.max"，如图 7-20 所示。

图 7-20

扫码观看
本案例视频

7.2 天鹅绒布纹材质的设置

7.2.1 【案例分析】

天鹅绒布是一种常见面料，天鹅绒布的组织结构为纬编毛圈组织，一般分为地纱和毛圈纱。本案例设置一款常用的单色绒布材质，通过对本案例的学习，读者可以掌握绒布材质的设置。

7.2.2 【设计思路】

通过为布料和抱枕设置天鹅绒布纹材质，讲解天鹅绒布纹材质的设置方法，主要是为"漫反射"指定"衰减"贴图来完成材质效果。最终效果参考云盘中的"场景 >Cha07>7.2 天鹅绒布纹材质的设置 ok.max"，如图 7-21 所示。

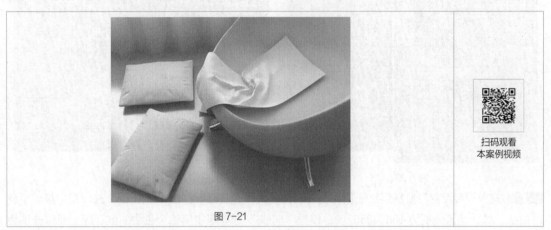

图 7-21

扫码观看
本案例视频

7.2.3 【操作步骤】

步骤 ① 单击 ▨（应用程序）按钮，在弹出的菜单中选择"打开"命令，打开素材文件（素材文件为云盘中的"场景 >Cha07>7.2 天鹅绒布纹材质 .max"），打开的场景如图 7-22 所示。

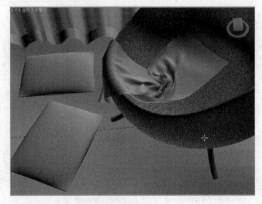

图 7-22

提示

由于在本章中主要介绍材质的设置，因此本案例提供的素材文件已经创建了灯光和
摄影机的场景，涉及摄影机和灯光的内容将在后续章节中进行介绍。

步骤 2 按 M 键打开"材质编辑器"对话框，选择一个新的材质样本球，单击"Standard"按钮，在
弹出的"材质 / 贴图浏览器"对话框中选择"VRayMtl"选项，单击"确定"按钮，如图 7-23 所示。
步骤 3 在"贴图"卷展栏中单击"漫反射"后的"None"按钮，在弹出的"材质 / 贴图浏览器"对
话框中选择"衰减"选项，单击"确定"按钮，如图 7-24 所示。

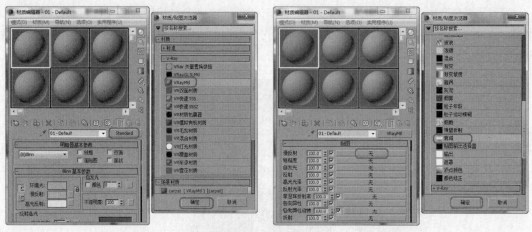

图 7-23   图 7-24

步骤 4 进入"漫反射"贴图层级面板，在"衰减参数"卷展栏中，设置"前:侧"选项组中第一个色
块的红、绿、蓝值分别为 186、255、0，设置"前:侧"选项组中第二个色块的红、绿、蓝值分别为
255、255、255，如图 7-25 所示。
步骤 5 单击 （转到父对象）按钮，返回主材质面板，单击 （将材质指定给选定对象）按钮，将
材质指定给场景中的抱枕和布料模型，渲染出场景效果。

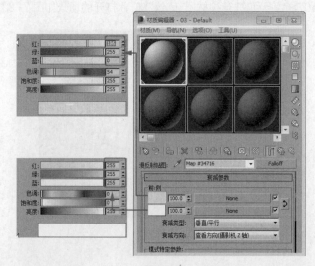

图 7-25

7.2.4 【相关工具】

1. VRay "基本参数" 卷展栏

（1）"漫射" 选项组

该选项组用于控制材质的漫反射颜色，还可以通过贴图设置漫反射效果，如图 7-26 所示。

（2）"自发光" 选项组

该选项组用于控制材质的自发光，设置自发光的颜色可以改变材质的发光方式，还可以为其添加位图，如图 7-27 所示。

图 7-26　　　　　　　　　　　　　　　　　　图 7-27

（3）"反射" 选项组

反射："反射" 选项组中的反射颜色决定物体的反射效果，黑色代表不反射，白色代表完全反射，通常为镜面、高亮金属、瓷器等物体设置，"反射" 选项组如图 7-28 所示。

"高光光泽度" 文本框：这是 VRay 灯光在物体上产生的反射光亮，该值在默认情况下不可用，必须单击后面的 L 按钮才能调整。

"反射光泽度" 文本框：将该值设置为 1，在材质窗口中可以看到产生了高光，并且表面的反射也变得模糊，同时渲染时间也变长。

"细分" 文本框：决定模糊的质量，"细分" 值越大，反射模糊的品质越高，渲染的时间也越长。

（4）"折射" 选项组

折射是透明物体具有的特性，通常为水、玻璃、钻石等物体设置。"折射" 选项组的默认设置如图 7-29 所示。

图 7-28　　　　　　　　　　　图 7-29

2. "衰减" 贴图

将 "衰减" 贴图放在 "漫反射" 上可以制作出布料边上毛茸茸的感觉，放在 "折射" 上可以制作出有质感的晶体，放在 "透明度" 上可以制作出天鹅绒的效果。

使用 "衰减" 贴图可以创建半透明的外观，其基于几何体曲面上面法线的角度，由衰减来生成从白到黑的值，用于指定角度衰减的方向会随着所选的方向而改变。图 7-30 所示为 "衰减参数" 卷展栏。

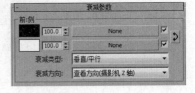

图 7-30

7.2.5 【实战演练】玻化瓷砖材质的设置

本案例通过设置 "漫反射" 为位图，为 "反射" 指定 "衰减" 贴图，并设置反射的参数完成玻

化瓷砖的材质设置。最终效果参看云盘中的"场景 >Cha07>7.2.5 玻化瓷砖材质 ok.max"，如图 7-31
所示。

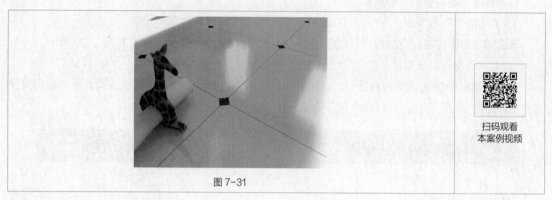

扫码观看
本案例视频

图 7-31

7.3 软塑料材质的设置

7.3.1 【案例分析】

软塑料一般是指热塑性塑料，外观上可以看到软塑料的颜色和反射，反射是一种模糊反射，如
图 7-32 所示。

7.3.2 【设计思路】

本案例通过制作软塑料玩具模型，学习软塑料材质的设置方法。最终效果参看云盘中的"场景 >
Cha07>7.3 软塑料材质的设置 ok.max"，如图 7-32 所示。

扫码观看
本案例视频

图 7-32

7.3.3 【操作步骤】

步骤 ① 单击 （应用程序）按钮，在弹出的菜单中选择"打开"命令，打开素材文件（素材文件为
云盘中的"场景 >Cha07>7.3 软塑料材质的设置 .max"），打开的场景已经为小鸭子模型设置了材
质 ID1 的多边形，如图 7-33 所示。

步骤② 设置的材质 ID2，如图 7-34 所示。

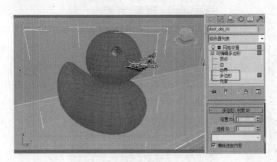

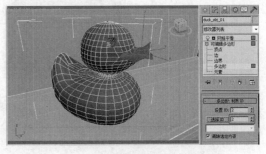

图 7-33　　　　　　　　　　　　　　　　图 7-34

步骤③ 打开"材质编辑器"对话框，为小鸭子设置软塑料材质。选择一个新的材质样本球，单击"Standard"按钮，在弹出的"材质 / 贴图浏览器"对话框中选择"多维 / 子对象"材质，单击"确定"按钮，如图 7-35 所示。

步骤④ 将材质转换为多维 / 子对象后，显示"多维 / 子对象基本参数"卷展栏，单击"设置数量"按钮，在弹出的对话框中设置"材质数量"为 2，单击"确定"按钮，如图 7-36 所示。

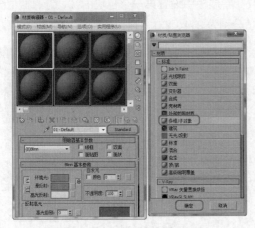

图 7-35　　　　　　　　　　　　　　　　图 7-36

步骤⑤ 在"多维 / 子对象基本参数"卷展栏中单击 1 号材质后的灰色长条按钮，进入 1 号材质面板，单击名称右侧的"Standard"按钮，在弹出的"材质 / 贴图浏览器"对话框中选择"VRayMtl"选项，单击"确定"按钮，如图 7-37 所示。

步骤⑥ 在 1 号材质的"基本参数"卷展栏中设置"反射"选项组中的"反射"红、绿、蓝值分别为 20、20、20，单击 L 按钮使其弹起，设置"高光光泽度"为 0.5，"反射光泽度"为 0.8，如图 7-38 所示。

步骤⑦ 在"双向反射分布函数"卷展栏中设置类型为"多面"，如图 7-39 所示。

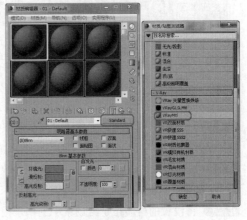

图 7-37

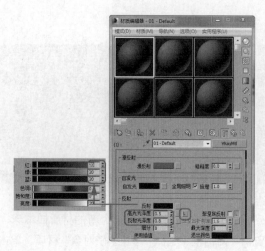

图 7-38   图 7-39

步骤 ⑧ 在"贴图"卷展栏中单击"漫反射"后的"无"按钮，在弹出的"材质／贴图浏览器"对话框中选择"衰减"选项，单击"确定"按钮，如图 7-40 所示。

步骤 ⑨ 进入漫反射的贴图层级，在"衰减参数"卷展栏中设置第一个色块的红、绿、蓝值分别为246、202、25，设置第二个色块的红、绿、蓝值分别为 244、231、145，如图 7-41 所示。

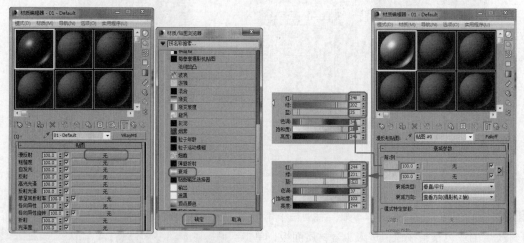

图 7-40   图 7-41

步骤 ⑩ 双击 （转到父对象）按钮，回到主材质面板，单击 2 号材质进入 2 号材质设置面板，单击名称后的"Stantard"按钮，在弹出的"材质／贴图浏览器"对话框中选择"VRayMtl"选项，单击"确定"按钮，如图 7-42 所示。

步骤 ⑪ 在"贴图"卷展栏中单击"漫反射"后的"无"按钮，在弹出的"材质／贴图浏览器"对话框中选择"衰减"选项，单击"确定"按钮，如图 7-43 所示。

步骤 ⑫ 进入漫反射的贴图层级，在"衰减参数"卷展栏中设置第一个色块的红、绿、蓝值分别为128、0、0，设置第二个色块的红、绿、蓝值分别为 151、47、47，如图 7-44 所示。

步骤 ⑬ 将设置的材质指定给场景中的鸭子模型，接着设置鸭子的眼睛材质。选择一个新的材质样本球，将其材质转换为"VRayMtl"，在"基本参数"卷展栏中设置"漫反射"的红、绿、蓝值均为 0，设置"反射"组的红、绿、蓝值均为 29，单击"高光光泽度"后的 L 按钮，使其弹起，设置"高光光泽度"为 0.4，"反射光泽度"为 0.6，如图 7-45 所示。

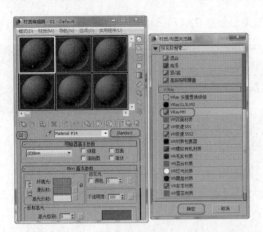

图 7-42

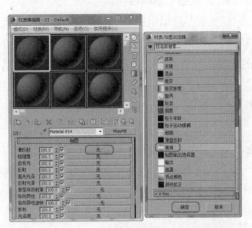

图 7-43

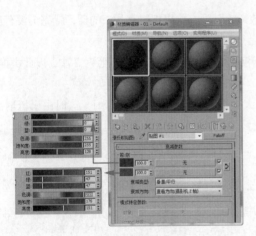

图 7-44

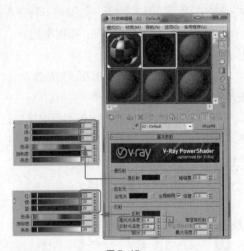

图 7-45

步骤 ⑭ 在"双向反射分布函数"卷展栏中设置类型为"多面"，如图 7-46 所示。

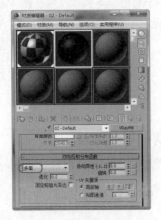

图 7-46

7.3.4　【相关工具】

1．"反射"选项组

"反射"选项组主要用于控制材质的表面反射效果，如图 7-47 所示。它是由颜色控制的，颜色越浅表示表面反射越强，设置为灰色就由完全漫反射变成有一部分的表面反射效果了，设置为白色可以模拟不锈钢的材质。

图 7-47

"反射"色块：设置反射的强度，白色为镜面反射，黑色为不反射，反射值越大颜色越浅。

"高光光泽度"文本框：代表高光边缘的模糊程度，对于表面不是十分光滑而是有一点点粗糙的物体，可以把该值降低一些。

"反射光泽度"文本框：有磨砂感觉的物体可以借此调节，值越小越模糊。

"细分"文本框：控制模糊的精细程度，值越大越细腻，渲染的时间也越长，一般设置为 3~5 即可。

"菲涅耳反射"复选框：是一种非常特殊的反射，它可以使物体正面的反射变得比较模糊，物体侧面的反射变得比较清晰，如玻璃和陶瓷。

"菲涅耳折射率"文本框：折射率越大，反射效果越强烈，如果折射率是 1 的话，就完全没有反射了。

"最大深度"文本框：相互照射的次数，1 表示相互照射 1 次，2 表示相互照射 2 次，以此类推，值越大，渲染时间越长。

"退出颜色"色块：当物体的折射次数达到最大次数时，就会停止计算折射，这时由于折射次数不够造成的折射区域的颜色就会用退出颜色来代替，退出颜色色块也可以理解为反光的颜色。

2．"多维 / 子对象"材质

使用"多维 / 子对象"材质可以采用几何体的子对象级别分配不同的材质。创建多维材质，将其指定给对象并使用"网格选择"修改器选择面，然后选择多维材质中的子材质指定给选择的面，或者为选择的面指定不同的材质 ID，并设置对应 ID 的材质。图 7-48 所示为"多维 / 子对象基本参数"卷展栏。

"设置数量"按钮：单击该按钮，可在弹出的对话框中设置子材质的数量。

"添加"按钮：单击该按钮，可将新子材质添加到列表中。

"删除"按钮：单击该按钮，可以从列表中移除当前选择的子材质。

图 7-48

7.3.5　【实战演练】不锈钢材质的设置

主要设置 VR 材质中的"反射"值来表现不锈钢材质的反射效果。最终效果参看云盘中的"场景 >Cha07>7.3.5 镜面不锈钢材质 ok.max"，如图 7-49 所示。

扫码观看
本案例视频

图 7-49

7.4 皮革材质的设置

7.4.1 【案例分析】

本案例将制作皮革材质，皮革材质具有轻微的反射和高光效果，在皮革纹理上会有些凹凸的皮革纹理效果。

7.4.2 【设计思路】

设置皮革材质，首先要模拟出皮革的反射效果，然后再模拟出皮革的纹理，纹理可以使用"凹凸"贴图来制作。最终效果参看云盘中的"场景 >Cha07>7.4 软牛皮材质 ok.max"，如图 7-50 所示。

扫码观看
本案例视频

图 7-50

7.4.3 【操作步骤】

步骤 ① 单击 ▨（应用程序）按钮，在弹出的菜单中选择"打开"命令，打开素材文件（素材文件为云盘中的"场景 >Cha07>7.4 软牛皮材质 .max"）。

步骤 ② 在场景中选择模型，在工具栏中单击 ▨（材质编辑器）按钮或按 M 键，打开"Slate 材质编辑器"对话框，在左侧的"材质 / 贴图浏览器"中展开"V-Ray"卷展栏，双击"VRayMtl"材质，VRayMtl 材质将显示在"视图"中。双击材质名称，在右侧显示参数面板，在"基本参数"卷展栏中设置"反射"的红、绿、蓝值分别为 8、8、8，"反射光泽度"为 0.7，"细分"为 10，如图 7-51 所示。

图 7-51

步骤❸ 在"贴图"卷展栏中为"漫反射"和"凹凸"指定"位图"，位图文件为随书附带云盘中的"贴图 >1109394154.jpg"，如图 7-52 所示。

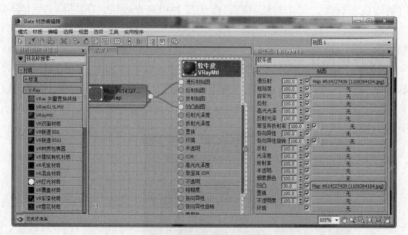

图 7-52

在本案例中采用了 Slate 材质编辑器，这是 3ds Max 2014 默认的材质编辑器。因为该材质编辑器的各个命令在精简材质编辑器中都有，所以有人习惯用精简材质编辑器，有人习惯使用 Slate 材质编辑器，可以根据习惯使用不同的材质编辑器。

7.4.4 【相关工具】

"凹凸"贴图

"凹凸"贴图使对象的表面看起来凹凸不平或呈现不规则形状，读者可以选择一个位图或一个程序贴图作为凹凸贴图。用凹凸贴图渲染对象材质时，贴图较明亮（较白）的区域看上去凸起，较暗

（较黑）的区域看上去凹陷。

"凹凸"贴图使用贴图的"强度"影响材质表面。在这种情况下，"强度"影响表面凹凸的明显程度为：白色区域凸起，黑色区域凹陷，如图 7-53 所示。

在视口中不能预览"凹凸"贴图的效果，必须渲染场景才能看到。

图 7-53

利用"凹凸"贴图的"数量"调节凹凸程度，较大的值渲染产生较明显的浮雕效果；较小的值渲染产生不那么明显的浮雕效果，如图 7-54 所示。

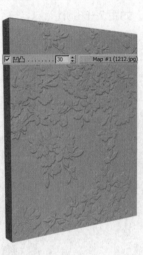

图 7-54

7.4.5 【实战演练】人造地毯材质的设置

人造地毯材质的设置主要通过"凹凸"贴图或"置换"贴图来完成。最终效果参看云盘中的"场景 >Cha07>7.4.5 人造地毯材质 ok.max"，如图 7-55 所示。

图 7-55

扫码观看
本案例视频

7.5 玻璃、红酒材质的设置

7.5.1 【案例分析】

本案例设置红酒材质，红酒是水状透明的材质，具有一定的颜色，在设置过程中应注意红酒的反射、折射效果，不断调整来模拟出真实的红酒材质。

7.5.2 【设计思路】

玻璃材质和红酒材质是常用的材质类型，红酒材质和玻璃材质有许多相似之处，例如都有透明度和折射效果，不同的是它们的颜色和透明程度。最终效果参看云盘中的"场景 >Cha07>7.5 玻璃红酒材质 ok.max"，如图 7-56 所示。

扫码观看
本案例视频

图 7-56

7.5.3 【操作步骤】

1. 红酒材质的设置

步骤 ❶ 单击 ◼（应用程序）按钮，在弹出的菜单中选择"打开"命令，打开素材文件（素材文件为云盘中的"场景 >Cha07>7.5 玻璃红酒材质 .max"）。

步骤 ❷ 在场景中选择红酒模型，按 M 键，打开"材质编辑器"对话框，单击材质后面的"Standard"按钮，弹出"材质 / 贴图浏览器"对话框，选择"VR 材质包裹器"选项，单击"确定"按钮如图 7-57 所示。

步骤 ❸ 在"VR 材质包裹器参数"卷展栏中单击"基本材质"后的材质按钮，进入"材质编辑器"对话框。将材质转换为"VRayMtl"，在"基本参数"卷展栏中设置"漫反射"的红、绿、蓝值均为 0，在"反射"选项组中设置"反射"的红、绿、蓝值均为 254，设置"反射光泽度"为 0.98，"细分"为 3，在"折射"选项组中设置"折射"的红、绿、蓝值分别为 243、13、13，设置"细分"为 50，"折射率"为 1.33，勾选"影响阴影"复选框，设置"烟雾颜色"的红、绿、蓝值分别为 248、114、144，设置"烟雾倍增"为 0.1，如图 7-58 所示。

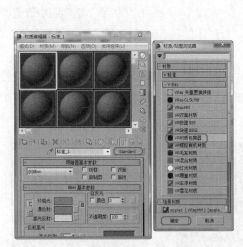

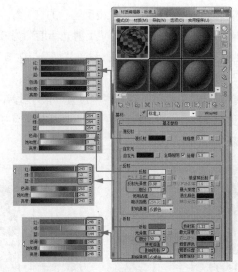

图 7-57   图 7-58

步骤④ 在"贴图"卷展栏中为"反射"指定"衰减"贴图，进入"反射贴图"面板，在"衰减参数"卷展栏中设置"前:侧"第一个色块的红、绿、蓝值均为 25，第二个色块的红、绿、蓝值均为 254，设置"衰减类型"为"Fresnel"，在"模式特定参数"选项组中取消勾选"覆盖材质 IOR"复选框，如图 7-59 所示。

步骤⑤ 单击 （转到父对象）按钮返回上一级，在"反射插值"卷展栏中设置"最小比率"为 -3，"最大比率"为 0，在"折射插值"卷展栏中设置"最小比率"为 -3，"最大比率"为 0，如图 7-60 所示。

步骤⑥ 单击 （转到父对象）按钮返回上一级，在"VR 材质包裹器参数"卷展栏中设置"生成全局照明"为 0.8，"接收全局照明"为 0.8，单击 （将材质指定给选定对象）按钮，将材质指定给红酒模型，如图 7-61 所示。

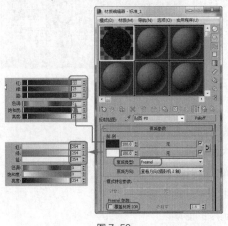

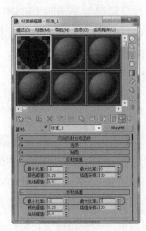

图 7-59   图 7-60   图 7-61

2. 玻璃材质的设置

步骤① 在场景中选择酒壶模型，选择一个新的材质样本球，将材质转换为"VR 材质包裹器"。在"VR 材质包裹器参数"卷展栏中设置"生成全局照明"为 0.8，"接收全局照明"为 0.8，如图 7-62 所示。

步骤② 单击"基本材质"后的材质按钮，进入"材质编辑器"面板，将材质转换为"VrayMtl"，在

"基本参数"卷展栏中设置"漫反射"的红、绿、蓝值均为 0，在"反射"选项组中设置"反射"的红、绿、蓝值均为 254，设置"反射光泽度"为 0.98，"细分"为 3，在"折射"选项组中设置"折射"的红、绿、蓝值均为 254，设置"细分"为 50，"折射率"为 1.517，勾选"影响阴影"复选框，如图 7-63 所示。

步骤③ 在"反射插值"卷展栏中设置"最小比率"为 -3，"最大比率"为 0，在"折射插值"卷展栏中设置"最小比率"为 -3，"最大比率"为 0，如图 7-64 所示。返回主材质面板，将材质指定给选择的玻璃酒壶模型。

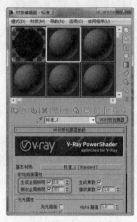

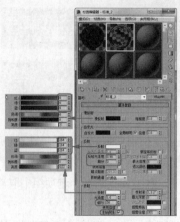

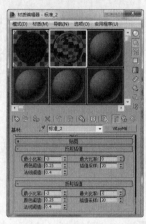

图 7-62　　　　　　　　　　　图 7-63　　　　　　　　　　　图 7-64

7.5.4　【相关工具】

"折射"选项组

这是用于控制透明度的一个重要选项组，如图 7-65 所示。折射的 RGB 颜色越白越透明，全黑色为不透明（玻璃或窗纱中常在折射里加入"折射组是衰减"贴图）。下面介绍常用的工具。

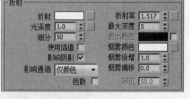

图 7-65

"光泽度"文本框：控制折射的模糊程度。

"细分"文本框：控制模糊的细腻程度。

"折射率"文本框：确定材质的折射率，值为 1 时不产生任何折射效果，设置适当的值可以做出很好的折射效果。

"最大深度"文本框：控制折射时，光线反射的次数。

退出颜色：当光线在场景中的反射次数达到定义的最大深度值后，停止反射。

"烟雾颜色"色块：控制过滤色，VRay 允许用雾来填充折射的物体。

"烟雾倍增"文本框：控制过滤色强度，较小的值产生透明的烟雾颜色。

"影响通道"下拉列表框：指定哪些通道受到材质透明度的影响。

"烟雾偏移"文本框：控制烟雾颜色的应用，负值增加了雾对物体较厚部分的影响程度，正值的雾颜色更均匀的任何厚度。

"阿贝"复选框：增加或减少分散效应，启用此选项并降低值会扩大分散效应。

"色散"复选框：是否折射形成色散效果。

提示

为提高工作效率，读者应记住下面这些常用材质的折射率。
水为 1.33，钻石为 2.4，玻璃为 1.517，水晶为 1.544 ~ 1.553。

"使用插值"复选框：启用该选项时，VRay 能够使用一种类似发光贴图的缓存方式来加速模糊折射的计算速度。

"影响阴影"复选框：用于控制物体产生透明阴影，透明阴影的颜色取决于漫反射和烟雾颜色。

7.5.5 【实战演练】有色玻璃材质的设置

设置有色玻璃材质的重点是设置材质的"折射"值。设置折射颜色可以调整玻璃的透明程度，设置"烟雾颜色"指定玻璃的颜色，设置"烟雾倍增"值设置玻璃颜色的强度。最终效果参看云盘中的"场景 >Cha07>7.5.5 玻璃酒瓶材质 ok.max"，如图 7-66 所示。

图 7-66

扫码观看
本案例视频

7.6 综合演练——高光木纹材质的设置

7.6.1 【案例分析】

本案例设置高光木纹材质，高光木纹材质有很强的反射效果，色泽鲜艳，具有很强的视觉冲击力，而且高光木纹材质表面光洁度好，易擦洗，给人以明亮、华丽的感觉。

7.6.2 【设计思路】

本案例制作高光反射的木纹材质，主要使用"木纹"贴图和"反射"效果，如图 7-67 所示。

7.6.3 【知识要点】

制作高光木纹材质的重点是设置"反射"值，并为"漫反射"指定"位图"贴图，为"反射"指定"衰减"贴图,从而表现出高光木纹材质效果。最终效果参看云盘中的"场景 >Cha07>7.6 高光木纹理材质 ok.max"。

扫码观看
本案例视频

图 7-67

7.7 综合演练——黄金材质的设置

7.7.1 【案例分析】

黄金是一种外观呈金黄色,具有较强的反射效果,能抗腐蚀的贵金属,图 7-68 所示为本案例需设置的材质效果。

7.7.2 【设计思路】

本案例为黄金奖杯设置材质,通过设置金色的漫反射和反射,调整出黄金材质效果。

7.7.3 【知识要点】

黄金材质的设置重点是在普通金属材质设置的基础上为"漫反射"和"反射"指定一种黄金的颜色。最终效果参看云盘中的"场景 >Cha07>7.7 黄金材质 ok.max",如图 7-68 所示。

扫码观看
本案例视频

图 7-68

08 第8章
摄影机和灯光的应用

灯光的主要作用是对场景进行照明、烘托场景气氛并产生视觉冲击。照明效果是由灯光的亮度来实现的，烘托场景气氛是由灯光的颜色、强弱和阴影来实现的，视觉冲击是结合建模和材质并配合灯光摄影机的运用来实现的。

一幅好的效果图需要好的观察角度，让人一目了然，因此调节摄影机是获得效果图的基础。

课堂学习目标

- 掌握摄影机的创建方法
- 掌握场景的布光方法

知识目标

- 了解常用的灯光
- 熟悉摄影机工具

能力目标

- 掌握常用灯光的使用方法
- 掌握摄影机的使用技巧

素养目标

- 培养对摄影机和灯光的创意应用能力

实训目标

- 静物灯光
- 开酒器
- 筒灯
- 卧室

8.1 静物灯光

8.1.1 【案例分析】

本案例将为一盆绿植创建灯光，需要实现照明和阴影的效果，整体光影效果要均匀，明暗层次要清楚。

8.1.2 【设计思路】

本案例介绍如何使用 3ds Max 2014 默认灯光和默认渲染器设置花篮场景效果，首先为场景创建主光源，然后创建辅助光，完成场景灯光的创建。最终效果参看云盘中的"Cha08> 效果 >8.1 静物灯光 ok.max"，如图 8-1 所示。

扫码观看
本案例视频

图 8-1

8.1.3 【操作步骤】

1. 在视口中创建摄影机

步骤① 单击 ▓（应用程序）按钮，在弹出的菜单中选择"打开"命令，打开素材文件（素材文件为云盘中的场景 > Cha08 > 8.1 静物灯光 .max"），打开的场景如图 8-2 所示。

步骤② 在"透视"视图中调整观察的角度，并按 Ctrl+C 组合键，在视图中创建"摄影机"，如图 8-3 所示。

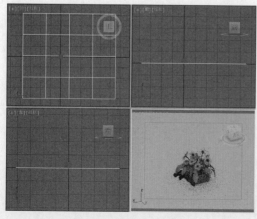

图 8-2

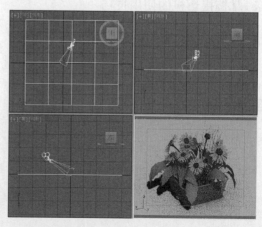

图 8-3

2. 创建灯光

步骤① 单击 "□ (创建) > ▧ (灯光) > 标准 > 目标聚光灯" 按钮，在顶视图中单击并拖曳鼠标指针创建目标聚光灯，如图 8-4 所示，在前视图和左视图中调整灯光的照射角度和位置，如图 8-5 所示。

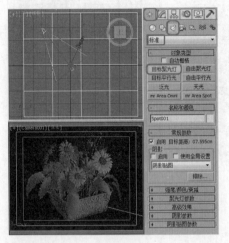

图 8-4

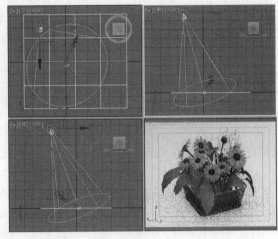

图 8-5

步骤② 切换到 ▧ (修改) 面板，在 "常规参数" 卷展栏中勾选 "阴影" 选项组中的 "启用" 复选框，设置阴影类型为 "区域阴影"。在 "强度 / 颜色 / 衰减" 卷展栏中设置 "倍增" 为 1，在 "聚光灯参数" 卷展栏中设置 "聚光区 / 光束" 为 0.5、"衰减区 / 区域" 为 100，如图 8-6 所示。

步骤③ 渲染当前场景得到图 8-7 所示的效果。

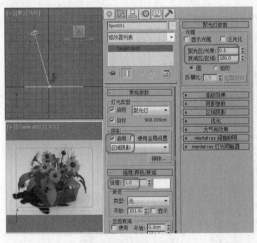

图 8-6

图 8-7

步骤④ 单击 "□ (创建) > ▧ (灯光) > 标准 > 天光" 按钮，在顶视图中创建天光，如图 8-8 所示。

步骤⑤ 在工具栏中单击 ▤ (渲染设置) 按钮，选择 "高级照明" 选项卡，设置高级照明为 "光跟踪器"，使用默认的参数设置，对场景进行渲染，如图 8-9 所示。

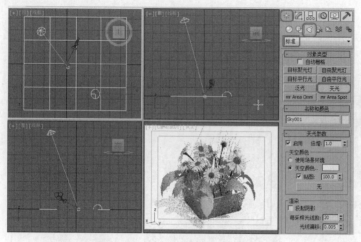

图 8-8   图 8-9

8.1.4 【相关工具】

1. "目标聚光灯"工具

聚光灯是一种经常使用的有方向的光源，类似于舞台上的强光灯，它可以准确地控制光束大小。创建目标聚光灯的步骤如下。

步骤① 单击"（创建）>（灯光）> 标准 > 目标聚光灯"按钮，在场景中单击并按住鼠标右键拖曳创建目标聚光灯，拖曳的初始点是聚光灯的位置，释放鼠标的点就是目标位置，如图 8-10 所示。

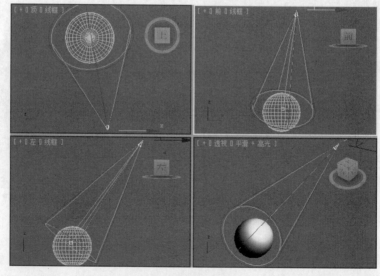

图 8-10

步骤② 在"常规参数"卷展栏中设置聚光灯的参数，如图 8-11 所示。

步骤③ 使用（选择并移动）工具在场景中调整目标聚光等的位置和角度。

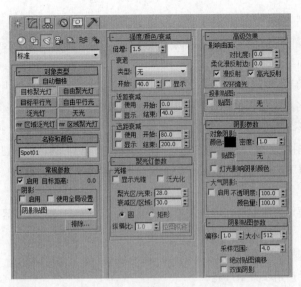

图 8-11

常用工具介绍如下。

（1）"常规参数"卷展栏

"常规参数"卷展栏中的工具用于启用或禁用灯光和灯光阴影，并且排除或包含照射场景中的对象。

（2）"聚光灯参数"卷展栏

"聚光灯参数"卷展栏中的工具用来控制聚光灯的聚光区和衰减区。

"显示光锥"复选框：启用或禁用圆锥体的显示。

"泛光化"复选框：当勾选该复选框时，灯光将在各个方向投射，但是投影和阴影只发生在其衰减圆锥体内。

"聚光区 / 光束"文本框：调整灯光圆锥体的角度。

"衰减区 / 区域"文本框：调整灯光衰减区的角度。

（3）"强度 / 颜色 / 衰减"卷展栏

使用"强度 / 颜色 / 衰减参数"卷展栏可以设置灯光的颜色和强度，也可以定义灯光的衰减。

"倍增"文本框：控制灯光的光照强度，单击"倍增"选项右侧的色块，可以设置灯光的光照颜色。

①"近距衰减"选项组

"开始"文本框：设置灯光开始淡入的距离。

"结束"文本框：设置灯光达到全值的距离。

"使用"复选框：启用灯光的近距衰减。

"显示"复选框：在视口中显示近距衰减范围设置。

②"远距衰减"选项组

"开始"文本框：设置灯光开始淡出的距离。

"结束"文本框：设置灯光减为 0 的距离。

"使用"复选框：启用灯光的远距衰减。

"显示"复选框：在视口中显示远距衰减范围设置。

（4）"高级效果"卷展栏

"高级效果"卷展栏提供影响灯光、曲面方式的控件，还包括很多微调投影灯的设置选项。

"投影贴图"选项组

"贴图"复选框：启用该选项可以通过"贴图"按钮投射选择的贴图，禁用该选项可以禁用投影。

"无"按钮：命名用于投影的贴图，可以从"材质编辑器"中指定的任何贴图拖曳，或从任何其他贴图按钮（如"环境"面板上）拖曳，并将贴图放置在灯光的"贴图"按钮上；单击"贴图"按钮可打开"材质/贴图浏览器"，使用该浏览器可以选择贴图类型，然后将按钮拖曳到"材质编辑器"，并且使用"材质编辑器"选择和调整贴图。

2. "天光"工具

"天光"灯光主要用来建立日光场景效果，"天光"灯光需与"光跟踪器"渲染器结合使用。

"天光参数"卷展栏如图 8-12 所示。

"启用"复选框：启用和禁用灯光。

"倍增"文本框：将灯光的功率放大一个正或负的量。

（1）"天空颜色"选项组

"使用场景环境"单选按钮：使用"环境"面板上设置的灯光颜色。

"天空颜色"单选按钮：单击色块可显示颜色选择器，并为"天光"选择灯光颜色。

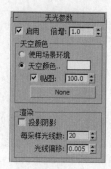

图 8-12

"贴图"复选框：可以使用贴图影响天光颜色。

（2）"渲染"选项组

"投影阴影"复选框：使天光投射阴影。

"每采样光线数"文本框：用于计算落在场景中指定点上天光的光线数。

"光线偏移"文本框：对象可以在场景中指定点上投射阴影的最短距离。

8.1.5 【实战演练】抽纸

在视口中调整模型的角度，按快捷键 Ctrl+C 创建摄影机，并在场景中创建天光，结合"光跟踪器"渲染器渲染场景。最终效果参看云盘中的"场景 >Cha08>8.1.5 室内静物 ok.max"，如图 8-13 所示。

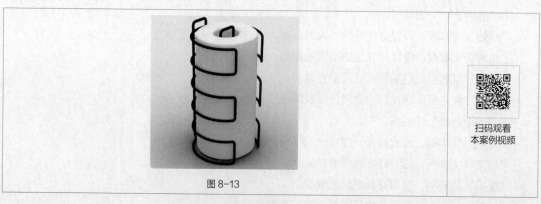

图 8-13

扫码观看
本案例视频

开瓶器

8.2.1　【案例分析】

本案例将介绍如何使用"V-Ray"渲染器模拟真实照明效果。

8.2.2　【设计思路】

创建一盏主光源照射场景中的景物，结合"V-Ray：环境"设置场景中的反射光线。最终效果参看云盘中的"场景 >Cha08>8.2 开瓶器 ok.max"，如图 8-14 所示。

扫码观看
本案例视频

图 8-14

8.2.3　【操作步骤】

1. 创建摄影机

步骤❶ 在菜单栏中选择"文件 > 打开"命令，打开素材文件（素材文件为云盘中的"场景 >Cha08>8.2 开瓶器 .max"），打开的场景如图 8-15 所示。

步骤❷ 在场景中激活透视视图，调整视图的角度，并按快捷键 Ctrl+C，在视口中创建摄影机，如图 8-16 所示。

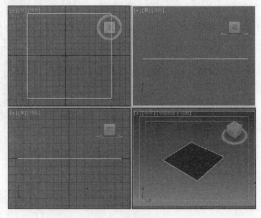

图 8-15

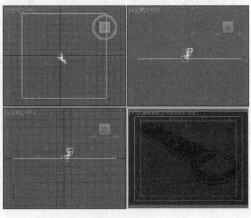

图 8-16

在后续章节中将介绍渲染的设置。

2. 创建灯光

步骤① 单击"🔆（创建）> 🔦（灯光）> 标准 > 目标聚光灯"按钮，在前视图中创建灯光并在场景中调整灯光的位置和角度。切换到 🔧（修改）面板，在"常规参数"卷展栏中勾选"阴影"选项组中的"启用"复选框，设置阴影类型为"VRay 阴影"。在"强度 / 颜色 / 衰减"卷展栏中设置"倍增"为 1.2。在"聚光灯参数"卷展栏中设置"聚光区 / 光束"为 0.5、"衰减区 / 区域"为 100。在"VRay 阴影参数"卷展栏中勾选"区域阴影"复选框，设置"U 大小""V 大小""W 大小"均为 100cm，如图 8-17 所示。

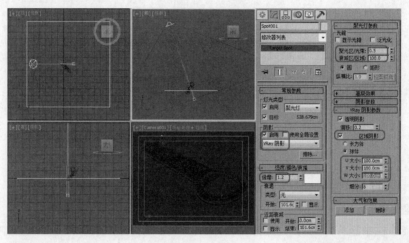

图 8-17

步骤② 创建主光源之后模型周围的环境会比较黑，在工具栏中单击📷（渲染设置）按钮，打开"渲染设置"对话框。在"V-Ray"选项卡中勾选"V-Ray::环境 [无名]"卷展栏中的"全局照明环境（天光）覆盖"中的"开"复选框，设置"倍增器"为 0.6，设置天光颜色为白色，勾选"反射 / 折射环境覆盖"中的"开"复选框，设置"倍增器"为 0.2，单击该选项组中的"None"按钮，如图 8-18 所示。在弹出的"材质 / 贴图浏览器"对话框中选择 VRayHDRI 贴图。

步骤③ 将指定的 VRayHDRI 贴图拖曳到"材质编辑器"对话框中一个新的材质样本球上，在弹出的对话框中选中"实例"单选按钮，单击"确定"按钮，如图 8-19 所示。

图 8-18

步骤④ 为材质样本球指定 HDRI 贴图，如图 8-20 所示，并通过"材质编辑器"对话框修改贴图的方式。

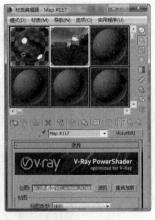

图 8-19　　　　　　　　　　　　　　　　图 8-20

8.2.4　【相关工具】

1.　"目标摄影机"工具

摄影机在制图过程中有着重要的作用，如建模时可以根据摄影机的位置来创建能被看到的对象，这样就无须将场景的内容全部创建，既不影响效果，还可以降低场景的复杂程度。

摄影机在效果图中代表观众的眼睛，因此可以通过调整摄影机来决定建筑物的位置和尺度。

创建摄影机的步骤如下。

步骤① 单击"（创建）>（摄影机）> 标准 > 目标"按钮，在场景中按住鼠标左键拖曳创建起始点，释放鼠标的点就是目标位置，创建目标摄影机。

步骤② 根据场景设置摄影机的"镜头"参数，如图 8-21 所示。

步骤③ 使用（选择并移动）工具，在场景中调整摄影机的位置和角度。

步骤④ 在透视视图的左上角用鼠标右键单击"透视"文本，在弹出的快捷菜单中选择"摄影机 > Camera01"命令（或激活透视视图后按快捷键 C），如图 8-22 所示。

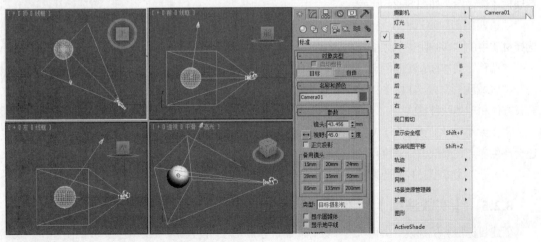

图 8-21　　　　　　　　　　　　　　　　图 8-22

步骤⑤ 转换为摄影机视图后如图 8-23 所示。

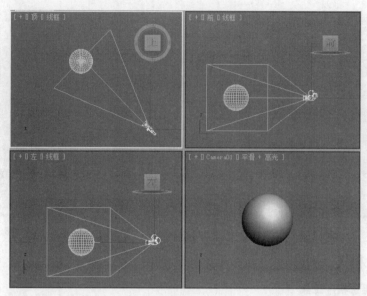

图 8-23

提示

　　　　创建摄影机还有另一种更加便捷的方法:调整透视视图观察模型的角度,然后按快捷键 Ctrl+C 在当前视角创建摄影机,并将当前视图转换为摄影机视图。

2. "VRay 阴影参数"卷展栏

　　VRay 灯光是不能选择阴影类型的,它们产生的都是真实的区域阴影效果,而 VRay 阴影是专门用于 3ds Max 2014 灯光的阴影类型,因为 V-Ray 渲染器不支持 3ds Max 2014 的光线跟踪阴影,一般在使用 V-Ray 渲染器对场景进行渲染时,标准灯光都使用 VRay 阴影类型。

　　当设置一个灯光的阴影类型为"VRay 阴影"时,"VRay 阴影参数"卷展栏才会显示,如图 8-24 所示。

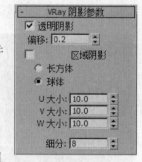

　　"透明阴影"复选框:控制透明物体的阴影,必须使用 VRay 材质并选择材质中的"影响阴影"才能产生效果。

　　"偏移"文本框:控制阴影与物体的偏移距离,一般保持默认值即可。

　　"区域阴影"复选框:控制物体阴影效果,使用时会降低渲染速度,有长方体和球体两种模式。

　　"U 大小""V 大小""W 大小"文本框:值越大阴影越模糊,并且还会产生噪点,降低渲染速度。

图 8-24

　　"细分"文本框:控制阴影的噪点,值越大噪点越光滑,同时渲染速度会降低。

8.2.5　【实战演练】杠铃

　　创建目标摄影机并设置摄影机的参数,创建目标聚光灯,设置其参数后设置灯光的阴影和参数。最终效果参看云盘中的"Cha08> 效果 > 杠铃 ok.max",如图 8-25 所示。

图 8-25

扫码观看
本案例视频

8.3 Web 灯光的创建——筒灯

8.3.1 【案例分析】

本案例主要讲解"光度学 Web"灯光的用法，介绍如何使用 Web 灯光营造出各种光效。

8.3.2 【设计思路】

创建"光度学 > 自由点光源"灯光，并将"灯光分布"设置为"光度学 Web"灯光，导入 Web 灯光。最终效果参看云盘中的"场景 >Cha08>8.3 筒灯 ok.max"，如图 8-26 所示。

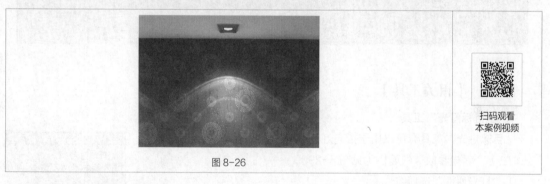

图 8-26

扫码观看
本案例视频

8.3.3 【操作步骤】

步骤 ① 在菜单栏中选择"文件 > 打开"命令，打开素材文件（素材文件为云盘中的"场景 >Cha08>8.3 筒灯 .max"），如图 8-27 所示。

图 8-27

步骤②　在场景中找到没有创建灯光的筒灯，并在其位置创建光度学目标灯光。在"常规参数"卷展栏中勾选"启用"复选框，设置阴影类型为"VRay 阴影"，"灯光分布（类型）"为"光度学 Web"，显示"分布（光度学 Web）"卷展栏。

在"分布（光度学 Web）"卷展栏中单击灰色按钮，在弹出的对话框中选择随书附带云盘中的光度学文件"DV> 贴图 >1589835-nice.ies"。

在"强度 / 颜色 / 衰减"卷展栏中设置"过滤颜色"的红、绿、蓝值分别为 253、217、159，设置"强度"的"cd"为 1500，如图 8-28 所示。

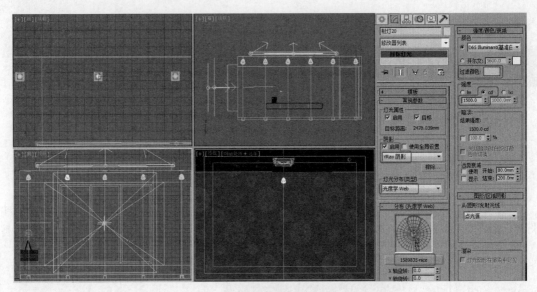

图 8-28

8.3.4　【相关工具】

1."目标灯光"工具

"目标灯光"工具有可以用于指向灯光的目标子对象。

（1）"常规参数"卷展栏（见图 8-29）

①"灯光属性"选项组

"启用"复选框：启用和禁用灯光；当该选项处于启用状态时，使用灯光着色和渲染可以照亮场景；当该选项处于禁用状态时，进行着色或渲染时不使用该灯光；默认为启用。

"目标"复选框：启用此选项之后，该灯光将具有目标；禁用此选项之后，可使用变换指向灯光；通过切换，可将目标灯光更改为自由灯光，反之亦然。

"目标距离"文本框：显示目标距离，对于目标灯光该字段仅显示距离，对于自由灯光则可以通过输入值更改距离。

②"阴影"选项组

"启用"复选框：决定当前灯光是否投影阴影，默认为启用。

"阴影方法"下拉列表框：决定渲染器是否使用"阴影贴图""高级光线跟踪""mental

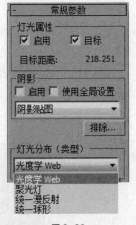

图 8-29

ray 阴影贴图""区域阴影""光线跟踪阴影""VRay 阴影""VRay 阴影贴图"生成该灯光的阴影。

"使用全局设置"复选框：启用此选项可以使用该灯光投影阴影的全局设置，禁用此选项可以启用阴影的单个控件；如果未勾选"使用全局设置"复选框，则必须选择渲染器使用哪种方法生成特定灯光的阴影。

"排除"按钮：将选择对象排除于灯光效果之外，单击此按钮可以打开"排除 / 包含"对话框，排除的对象仍在着色视口中被照亮，只有当渲染场景时排除才起作用。

③ "灯光分布（类型）"选项组

通过"灯光分布"下拉列表框，可选择灯光分布的类型，其中包括"光度学 Web""聚光灯""统一漫反射""统一球形"4 个选项。

"光度学 Web"选项："光度学 Web"分布使用光域网定义分布灯光，如果选择该灯光类型，在修改面板上将显示对应的卷展栏。

"聚光灯"选项：当使用"聚光灯"分布创建或选择光度学灯光时，修改面板上将显示对应的卷展栏。

"统一漫反射"选项："统一漫反射"分布仅在半球体中投射漫反射灯光，就如同从某个表面发射灯光一样；统一漫反射分布遵循兰伯特余弦定理（Lambert），从各个角度观看灯光时，它都具有相同明显的强度。

"统一球形"选项：统一球形分布，如其名称所示，可在各个方向上均匀投射灯光。

（2）"强度 / 颜色 / 衰减"卷展栏（见图 8-30）

"分布"选项：描述光源发射的灯光的方向分布，在其下拉列表中包括"等向""聚光灯""Web""漫反射"选项。

① "颜色"选项组

"灯光型号"单选按钮：在下拉列表框中选择常见灯光的规格，模拟灯光对象的光谱特征；灯光的色温用"开尔文"表示，相应的颜色显示在右侧的色块中。

"开尔文"单选按钮：通过调整色温微调器来设置灯光的颜色，色温以开尔文度数显示，相应的颜色在色温微调器旁边的色块中可见。

"过滤颜色"色块：使用颜色过滤器模拟置于光源上的过滤色的效果。

② "强度"选项组

"lm"（流明）单选按钮：测量整个灯光（光通量）的输出功率。

"cd"（坎德拉）单选按钮：测量灯光的最大发光强度，通常是沿着目标方向进行测量。

"lx"（lux，勒克斯）单选按钮：测量由灯光引起的照度，该灯光以一定距离照射在曲面上，并面向光源的方向，勒克斯是国际场景照度单位，符号为 $1lm/m^2$。

（3）"分布（光度学 Web）"卷展栏（见图 8-31）

Web 分布使用光域网定义灯光分布。光域网是光源的灯光强度分布的 3D

图 8-30

图 8-31

表示。Web 定义存储在文件中。许多照明制造商可以提供为其产品建模的 Web 文件，这些文件通常在 Internet 上可用。Web 文件可以是 IES、LTLI 或 CIBSE 格式。

"< 选择光度学文件 >"按钮：选择用作光域网的 IES 文件，默认的 Web 是从一个边缘照射的漫反射分布。

"X 轴旋转"文本框：沿着 x 轴旋转光域网，旋转中心是光域网的中心，范围为 $-180° \sim 180°$ 。

"Y 轴旋转"文本框：沿着 y 轴旋转光域网，旋转中心是光域网的中心，范围为 $-180° \sim 180°$ 。

"Z 轴旋转"文本框：沿着 z 轴旋转光域网，旋转中心是光域网的中心，范围为 $-180° \sim 180°$ 。

（4）"图形 / 区域阴影"卷展栏（见图 8-32）

通过"图形 / 区域阴影"卷展栏可以选择用于生成阴影的灯光图形。

① "从（图形）发射光线"选项组

图 8-32

在下拉列表框中可选择阴影生成的图形。当选择非点光源的图形时，维度控件和阴影采样控件将分别显示在"发射灯光"和"渲染"选项组中。

"点光源"选项：计算阴影时，如同点在发射灯光。

"线"选项：计算阴影时，如同线在发射灯光，线性图形提供长度控件。

"矩形"选项：计算阴影时，如同矩形区域在发射灯光，矩形图形提供长度和宽度控件。

"圆形"选项：计算阴影时，如同圆形在发射灯光，圆形图形提供半径控件。

"球体"选项：计算阴影时，如同球体在发射灯光，球体图形提供半径控件。

"圆柱体"选项：计算阴影时，如同圆柱体在发射灯光，圆柱体图形提供长度和半径控件。

② "渲染"选项组

"灯光图形在渲染中可见"复选框：启用此选项后，如果灯光对象位于视野内，灯光图形在渲染中会显示为自供照明（发光）的图形；禁用此选项后，将无法渲染灯光图形，而只能渲染它投影的灯光；默认为禁用状态。

2．"泛光灯"工具

泛光灯从单个光源向各个方向投射光线。泛光灯用于将辅助照明添加到场景中或模拟点光源。

泛光灯可以投射阴影和投影。单个投射阴影的泛光灯等同于 6 个投射阴影的聚光灯，从中心指向外侧。

标准灯光都具有相同的参数和命令，泛光灯与目标聚光灯的参数基本相同，可以参考目标聚光灯卷展栏的介绍。

8.3.5　【实战演练】落地灯光效

在场景中创建"自由点光源"，设置合适的灯光参数，调整到合适的位置完成落地灯光效。最终效果参看云盘中的"Cha08> 效果 > 落地灯光效 ok.max"，如图 8-33 所示。

图 8-33

8.4 室内灯光的创建——卧室

8.4.1 【案例分析】

本案例将为卧室创建灯光，卧室照明应营造出温馨的效果，所以在创建灯光的过程中既要考虑效果的逼真，还要使用暖光来打造温馨的氛围。

8.4.2 【设计思路】

本案例将为一个现代的卧室创建灯光，灯光要设计为清晨光照的效果，在创建灯光时要注意不要让卧室出现死角和曝光，应在不暗的地方创建灯光，在曝光的地方降低灯光参数。最终效果参看云盘中的"Cha08> 效果 >8.4 卧室 ok.max"，如图 8-34 所示。

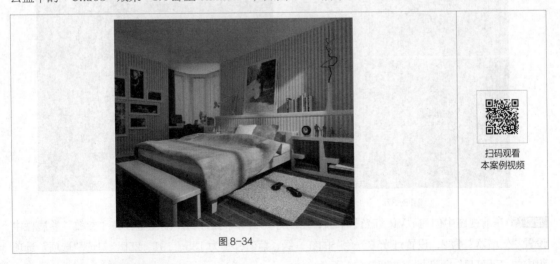

图 8-34

8.4.3 【操作步骤】

步骤 ① 单击 ▓（应用程序）按钮，在弹出的菜单中选择"打开"命令，打开素材文件（素材文件为云盘中的"场景 >Cha08>8.4 卧室 .max"），渲染当前场景得到图 8-35 所示的效果。

步骤② 打开"渲染设置"对话框，可以看到影响场景亮度的选项，如图 8-36 所示。

图 8-35

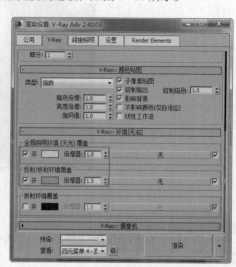

图 8-36

步骤③ 单击"   （创建）>   （灯光）> VRay > VR 灯光"按钮，在前视图中创建 VR 灯光平面，在"参数"卷展栏中设置"倍增器"为 3，设置灯光"颜色"的红、绿、蓝值分别为 135、191、255，勾选"选项"选项组中的"不可见"复选框，调整灯光至合适的位置，如图 8-37 所示。

步骤④ 渲染场景，得到图 8-38 所示的效果。

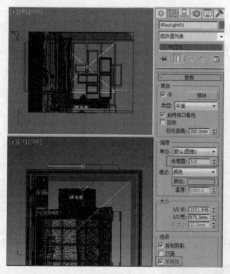

图 8-37

图 8-38

步骤⑤ 在前视图中创建"VR 灯光"平面，复制灯光到每个弧形窗户的位置，在"参数"卷展栏中设置"倍增器"为 2，设置灯光"颜色"的红、绿、蓝值分别为 135、191、255，勾选"选项"选项组中的"不可见"复选框，如图 8-39 所示。

步骤⑥ 渲染场景，得到图 8-40 所示的效果。

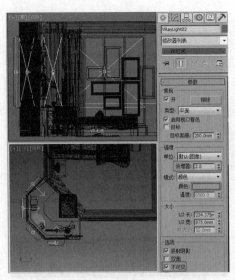

图 8-39   图 8-40

步骤 7 在顶视图中创建 "VR 灯光" 平面，在场景中调整灯光的位置，在 "参数" 卷展栏中设置 "倍增器" 为 3，设置灯光 "颜色" 的红、绿、蓝值分别为 255、214、178，勾选 "选项" 选项组中的 "不可见" 复选框，如图 8-41 所示。

步骤 8 渲染场景，得到图 8-42 所示的效果。

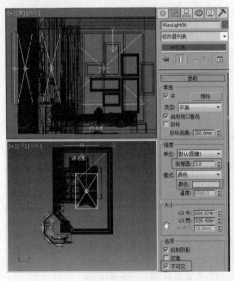

图 8-41   图 8-42

步骤 9 在顶视图中创建标准灯光 "泛光灯"，在 "常规参数" 卷展栏中勾选 "阴影" 选项组中的 "启用" 复选框，设置阴影类型为 "VRay 阴影"。在 "强度 / 颜色 / 衰减" 卷展栏中设置 "倍增" 为 2.5，设置灯光 "颜色" 的红、绿、蓝值分别为 255、229、205，在 "远距衰减" 选项组中勾选 "使用" 和 "显示" 复选框，设置 "开始" 为 1982、"结束" 为 12758，如图 8-43 所示。

步骤 10 渲染场景，得到 8-44 所示的效果。

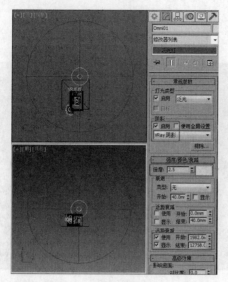

图 8-43 图 8-44

8.4.4 【相关工具】

VRay 自带 4 种灯光，即"VR 灯光""VRayIES""VR 环境灯光""VR 太阳"。"VR 灯光"
光源在渲染时的作用非常大，所以这里着重介绍"VR 灯光"的"参数"卷展栏中的工具，如图 8-45
所示。

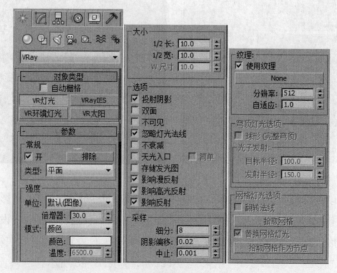

图 8-45

1．"常规"选项组

"开"复选框：控制灯光的开关。

"排除"按钮：单击该按钮弹出对话框，可从中选择灯光包含和排除的对象模型。

"类型"下拉列表框：有"平面""穹顶""球体""网格" 4 个选项；"平面"一般用于做片灯；"穹顶"的作用类似于 3ds Max 2014 默认的 IES SKY 灯光，以一个球形的光来照亮场景，移动灯自身的 z 轴可以控制阴影的方向，可用于模拟天光。

2．"强度"选项组

"单位"下拉列表框：VRay 灯光提供"默认（图像）""发光率（lm）""亮度（lm/m2/sr）""辐射率（W）""辐射（W/m2/sr）"几种照明单位。

①"默认（图像）"选项：该单位是依靠灯光的颜色和亮度来控制强弱，如果不考虑曝光，灯光色彩将是物体表面受光的最终色彩。

②"发光率（lm）"选项：灯光的亮度与灯光的大小没有关系。

③"亮度（lm/m2/sr）"选项：灯光的亮度将和灯光的大小产生联系。

④"辐射率（W）"选项：将用瓦数来定义照明单位，灯光的亮度和尺寸没有关系。

⑤"辐射（W/m2/sr）"选项：该单位同样由瓦数来控制照明单位，灯光的亮度将和尺寸产生联系。

"颜色"色块：设置 VR 灯光光源发射出的灯光颜色。

"倍增器"文本框：设置 VR 灯光颜色倍增器。

3．"大小"选项组

在该选项组中设置灯光的尺寸大小，根据选择灯光类型的不同，该选项组中设置灯光的尺寸也会跟着变。

4．"选项"选项组

"双面"复选框：当 VR 灯光为平面光源时，该选项控制光线是否从面光源的两个面发射出来（当选择球光源时，该选项无效）。

"不可见"复选框：控制 VR 灯光光源是否在渲染结果中显示它的形状。

"忽略灯光法线"复选框：制作被跟踪光线撞击光源时，这个选项可控制 VRay 处理计算的方法。

"不衰减"复选框：启用该选项，VR 灯光将不进行衰减。

"天光入口"复选框：该选项是把此灯（及关联灯光）交由 VRay "环境"面板的天光选项控制，如强度、色彩等。

"存储发光图"复选框：当启用该选项并且全局照明设置为光照贴图时，VRay 将再次计算 VR 灯光的效果并且将其存储到光照贴图中；其结果是光照贴图的计算会变得更慢，但是渲染时间会减少，还可以将光照贴图保存下来再次使用。

"影响漫反射"复选框：控制灯光是否影响物体的漫反射，一般是启用的。

"影响高光反射"复选框：控制灯光是否影响物体的镜面反射，一般是启用的。

"影响反射"复选框：控制灯光是否影响物体的反射，一般是启用的。

5．"采样"选项组

"细分"文本框：该值控制 VRay 用于计算照明的采样点的数量，值越大，阴影越细腻，渲染时间越长。

"阴影偏移"文本框：控制阴影的偏移程度。

"纹理"组、"穹顶灯光选项"组、"网络灯光选项"组中的有关工具不常用，这里不做过多分析。

8.4.5 【实战演练】浴室空间照明

在窗户位置创建作为日光的 VR 灯光，创建模拟太阳光照的目标聚光灯或目标平行光。最终效果参看云盘中的"Cha08> 效果 >8.4.5 浴室空间照明 ok.max"，如图 8-46 所示。

扫码观看
本案例视频

图 8-46

8.5 综合演练——餐桌椅

8.5.1 【案例分析】

本案例将为餐桌椅创建照明效果，需要达到逼真的自然光效果，这种效果也是制作家装效果图时常用的打光法。

8.5.2 【设计思路】

在一般的家具设计中，我们都会采用日景场景来表现。除非是特殊的发光模型，其他的模型都可以使用简单的日景场景来表现。本案例制作图 8-47 所示的餐桌椅场景，在场景的基础上，创建摄影机和灯光。

8.5.3 【知识要点】

在场景中用摄影机确定观察模型的角度，创建灯光为场景照明。最终效果参看云盘中的"场景 > Cha08>8.5 餐桌椅 ok.max"，如图 8-47 所示。

扫码观看
本案例视频

图 8-47

8.6 综合演练——休息区

8.6.1 【案例分析】

本案例将为一个休息区创建照明，本案例需要的照明效果为明亮、通透的效果。

8.6.2 【设计思路】

会所的休息区可以根据类别进行设计，例如本案例在休息区中设计了较多的书架，可供人们阅读、休息。

8.6.3 【知识要点】

为场景创建摄影机，在场景中只创建基本的光照，模拟出日景休息区的效果。最终效果参看云盘中的"场景 >Cha08>8.6 休息区 ok.max"，如图 8-48 所示。

扫码观看
本案例视频

图 8-48

09

第 9 章
渲染与特效

渲染就是根据创建的模型、指定的材质、使用的灯光及环境效果灯，对场景中创建的对象进行实体化显示，也就是将三维的场景转换为二维的图像，将创建的三维场景通过拍摄成照片或录制成动画展示出来。

通过材质、灯光及环境和效果面板，可以为模型制作特效，如体积光、体积雾、火、卡通等效果。

课堂学习目标

- ✔ 掌握 VRay 渲染设置方法
- ✔ 掌握火效果的制作方法
- ✔ 了解 VRay 卡通效果的制作方法

知识目标

- ✳ 了解 VRay 渲染器
- ✳ 熟悉 VRay 渲染器的参数
- ✳ 了解大气装置

能力目标

- ○ 掌握 V-Ray 渲染器的参数设置
- ○ 掌握大气装置的使用方法
- ○ 掌握 "VRay 卡通" 效果的应用

素养目标

- ✦ 培养对渲染与特效的创意应用能力

实训目标

- ✦ 会议室
- ✦ 蜡烛燃烧的效果
- ✦ VRay 卡通效果

9.1 渲染效果图——会议室

9.1.1 【案例分析】

本案例将介绍如何将完成的三维场景压缩成图像格式并呈现出来。

9.1.2 【设计思路】

渲染效果图时，需要对场景进行草图渲染、场景调整、存储光照贴图，最后调整各参数，并渲染出图。最终效果参看云盘中的"场景 >Cha09> 会议室 ok.max"，如图 9-1 所示。

扫码观看
本案例视频

图 9-1

9.1.3 【操作步骤】

1. 渲染草图

步骤 ① 在菜单栏中选择"文件 > 打开"命令，打开素材文件（素材文件为云盘中的"Cha09> 效果 >渲染效果图客厅 .max"），打开的场景如图 9-2 所示。

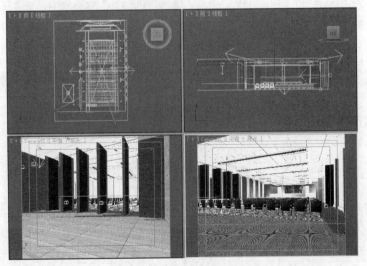

图 9-2

提示 在前面的摄影机和灯光的创建中，曾为该场景创建了灯光和摄影机，在本案例中将对该场景进行渲染和输出。

步骤② 在工具栏中单击 🖉（渲染设置）按钮，在弹出的"渲染设置"对话框中设置渲染器"产品级"为"V-Ray Adv 2.40.03"，如图 9-3 所示。

步骤③ 选择"V-Ray"选项卡，在"V-Ray∷全局开关[无名]"卷展栏中设置"默认灯光"为"关"，如图 9-4 所示。

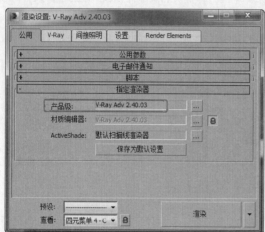
图 9-3

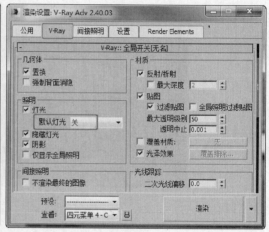
图 9-4

步骤④ 在"V-Ray∷图像采样器（反锯齿）"卷展栏中设置"图像采样器"选项组中的"类型"为"固定"，在"抗锯齿过滤器"选项组中勾选"开"复选框，在下拉列表框中选择"区域"选项，如图 9-5 所示。

步骤⑤ 切换到"间接照明"选项卡，在"V-Ray∷间接照明(GI)"卷展栏中勾选"开"复选框，在"首次反弹"选项组中设置"全局照明引擎"为"发光图"，在"二次反弹"选项组中设置"全局照明引擎"为"灯光缓存"，如图 9-6 所示。

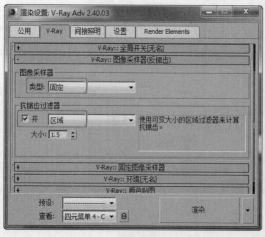
图 9-5

图 9-6

步骤⑥ 在"V-Ray::发光图[无名]"卷展栏中设置"内建预置"选项组中的"当前预置"为"非常低"，如图 9-7 所示。

步骤⑦ 在"V-Ray::灯光缓存"卷展栏中设置"细分"为 100，勾选"存储直接光"和"显示计算相位"复选框，如图 9-8 所示。

图 9-7

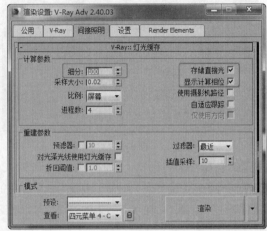

图 9-8

步骤⑧ 切换到"设置"选项卡，在"V-Ray::系统"卷展栏中设置"渲染区域分割"选项组中的"X"为 20，如图 9-9 所示。

步骤⑨ 切换到"V-Ray"选项卡，在"V-Ray::帧缓冲区"卷展栏中勾选"启用内置帧缓冲区"复选框，如图 9-10 所示。

图 9-9

图 9-10

步骤⑩ 切换到"公用"选项卡，在"公用参数"卷展栏中设置"输出大小"为"自定义"，并设置"宽度"为 500，"高度"为 400，如图 9-11 所示。

步骤⑪ 进行渲染，效果如图 9-12 所示，可以在场景视口底端的控制栏中查看渲染的时间。

图 9-11　　　　　　　　　　　　　　　　图 9-12

步骤⑫ 查看场景中灯光的"细分"值，如图 9-13 所示。

步骤⑬ 将场景中的灯光"细分"设置为 8，如图 9-14 所示。

步骤⑭ 进行渲染，对比一下渲染的时间。可以看到，减小"细分"值后，渲染速度更快。

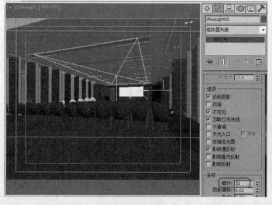

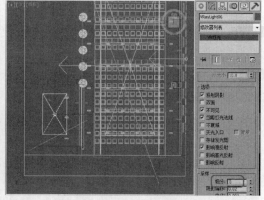

图 9-13　　　　　　　　　　　　　　　　图 9-14

2．设置光照贴图

对场景中的灯光摄影机及模型都满意后可以恢复灯光的"细分"值，对场景进行最终渲染。

步骤❶ 在工具栏中单击 （渲染设置）按钮，在弹出的"渲染设置"对话框中选择"V-Ray"选项卡，在"V-Ray::全局开关[无名]"卷展栏中勾选"间接照明"选项组中的"不渲染最终的图像"复选框，如图 9-15 所示。

步骤❷ 在"V-Ray::图像采样器（反锯齿）"卷展栏中设置"图像采样器"选项组中的"类型"为"自适应确定性蒙特卡洛"，在"抗锯齿过滤器"选项组中勾选"开"复选框，在下拉列表框中选择"Catmull-Rom"选项，如图 9-16 所示。

图 9-15

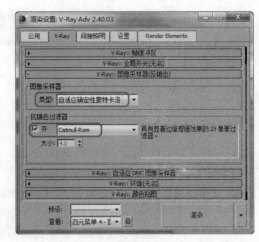

图 9-16

步骤③ 选择"间接照明"选项卡,在"V-Ray::发光图[无名]"卷展栏中设置"内建预置"选项组中的"当前预置"为"中"。在"在渲染结束后"选项组中勾选"不删除""自动保存""切换到保存的贴图"复选框,并单击"浏览"按钮,在弹出的对话框中选择存储路径,为文件命名,并单击"保存"按钮,将发光贴图与场景文件存储到一个文件夹中,如图 9-17 所示。

步骤④ 在"V-Ray::灯光缓存"卷展栏中设置"计算参数"选项组中的"细分"为 500,在"在渲染结束后"选项组中勾选"不删除""自动保存""切换到被保存的缓存"复选框,单击"浏览"按钮,在弹出的对话框中选择存储路径,为文件命名,并单击"保存"按钮,将该灯光缓存贴图存储到场景所在的文件夹中,如图 9-18 所示。

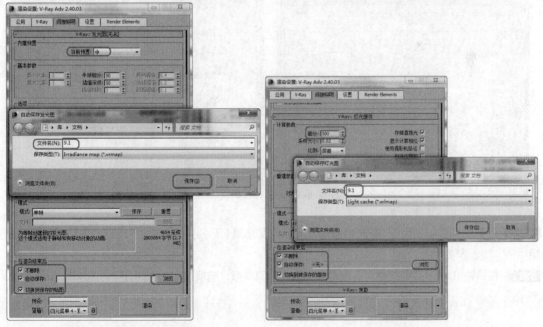

图 9-17   图 9-18

步骤⑤ 计算完光照贴图后,弹出"加载发光图"对话框,如图 9-19 所示,从中选择发光贴图。

图 9-19

步骤⑥ 在"渲染设置"对话框中选择"V-Ray"选项卡，在"V-Ray：：全局开关 [无名]"卷展栏中取消勾选"间接照明"选项组中的"不渲染最终的图像"复选框，如图 9-20 所示。这样渲染场景时就不会渲染灯光缓存和发光贴图，而是直接渲染效果图。

3．设置最终渲染

步骤❶ 选择"公用"选项卡，在"输出大小"选项组中设置最终渲染的尺寸，如图 9-21 所示。

图 9-20

图 9-21

步骤❷ 选择"间接照明"选项卡，在"V-Ray：：发光图 [无名]"卷展栏中设置"内建预置"选项组中的"当前预置"为"高"，如图 9-22 所示。

步骤❸ 在"V-Ray：：灯光缓存"卷展栏中设置"计算参数"选项组中的"细分"为 1000，如图 9-23 所示。

图 9-22

图 9-23

步骤 ④ 对当前场景进行渲染，需要注意的是，如果最终渲染的参数过高，可以在渲染光照贴图的时候也相应地提高渲染质量和尺寸，否则渲染出的效果图还会出现模糊的情况。

9.1.4 【相关工具】

1. VRay 渲染器参数设置

（1）"V-Ray:: 帧缓冲区"卷展栏（位于"V-Ray"选项卡中）

下面介绍"V-Ray:: 帧缓冲区"卷展栏中常用的工具，如图 9-24 所示。

"启用内置帧缓冲区"复选框：控制 V-Ray 内置帧缓冲区是否启用，启用该选项后的效果如图 9-25 所示。

"显示最后的虚拟帧缓冲区"按钮：单击该按钮，可显示上一次渲染帧。

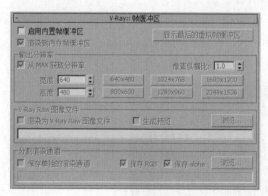

图 9-24

图 9-25

提示

单击"显示最后的虚拟帧缓冲区"按钮与选择"渲染 > 显示上次渲染结果"命令的效果相同。

①"输出分辨率"选项组

"从 MAX 获取分辨率" 复选框:决定是否使用 3ds Max 2014 的分辨率设置。

"宽度"文本框:设置渲染窗口的宽度。

"高度"文本框:设置渲染窗口的高度。

> **提示**
>
> 要设置渲染窗口的宽度和高度,也可以直接单击"输出分辨率"选项组中宽度 × 高度按钮的渲染窗口的。"输出分辨率"选项组中的选项与"公用"选项卡中"公用参数"卷展栏中的"输出大小"选项基本相同。在勾选"从 MAX 获取分辨率"复选框后,可以使用"公用"选项卡中的输出大小。

②"V-Ray Raw 图像文件"选项组

"渲染为 V-Ray Raw 图像文件"复选框:决定渲染图像是否在渲染窗口保存。

"浏览"按钮:单击该按钮,可在弹出的对话框中选择存储路径和类型。

③"分割渲染通道"选项组

"保存单独的渲染通道"复选框:控制分通道渲染,以及控制每个通道单独输出。

> **提示**
>
> "分割渲染通道"选项组中的"浏览"按钮与"公用"选项卡"公用卷展栏"中的"渲染输出"选项组中的"文件"按钮功能相同。

(2)"V-Ray∷全局开关[无名]"卷展栏(位于"V-Ray"选项卡中)

下面介绍"V-Ray∷全局开关[无名]"卷展栏中的常用工具,如图 9-26 所示。

①"几何体"选项组

"置换"复选框:决定是否使用 VRay 的置换贴图。

②"照明"选项组

"灯光"复选框:决定是否使用全局的灯光。

"默认灯光"下拉列表框:决定是否使用 3ds Max 2014 中的默认灯光。

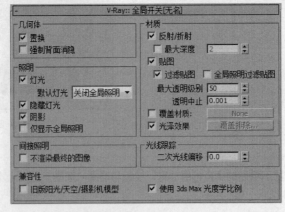

图 9-26

3ds Max 2014 默认的场景中有两盏灯光，如果在场景中没有创建任何灯光则默认灯光有效，如果在场景中创建灯光则默认灯光自动删除。

"隐藏灯光"复选框：如果启用该选项，系统会渲染隐藏的灯光。

"阴影"复选框：决定是否渲染阴影。

"仅显示全局照明"复选框：如果启用该选项，直接光照将不计算在最终的图像里，但系统在进行全局光照计算时包含直接光照的计算，最后只显示间接光照的效果。

③ "材质"选项组

"反射 / 折射"复选框：决定是否计算 VRay 贴图或材质中光线的反射 / 折射效果。

"最大深度"复选框：启用该选项，可设置 VRay 贴图或材质中反射 / 折射的最大反弹次数，反弹次数越多，计算速度越慢。

"贴图"复选框：决定是否渲染纹理贴图。

"过滤贴图"复选框：决定是否渲染纹理过滤贴图。

"最大透明级别"文本框：决定透明物体被光线追踪的最大反弹次数。

"透明中止"文本框：决定对透明物体的追踪何时终止。

"覆盖材质"复选框：启用该选项后，场景中的所有物体将使用该材质，单击该选项后的 "None" 按钮可设置场景中的覆盖材质。

④ "间接照明"选项组

"不渲染最终的图像"复选框：启用该选项，VRay 只计算相应的全局光照贴图（光照贴图、灯光贴图和发光贴图），这对于渲染动画过程很有用。

（3）"V-Ray：：图像采样器（反锯齿）"卷展栏（位于 "V-Ray" 选项卡中）

下面介绍 "V-Ray：：图像采样器（反锯齿）"卷展栏中的常用工具，如图 9-27 所示。

① "图像采样器"选项组

在 "类型"下拉列表框中可以选择 "固定" "自适应确定性蒙特卡洛" "自适应细分" 3 种选项。

"固定"选项：这是最简单的采样器，它对每个像素采用固定的几个采样；选择此采样器会出现用于设置固定参数的 "V-Ray：：固定图像采样器"卷展栏，如图 9-28 所示，设置 "细分"值可以调节每个像素的采样数。

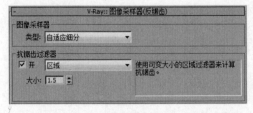

图 9-27

图 9-28

"自适应确定性蒙特卡洛"选项：一种较高级的采样器，图像中的像素首先采样较少的采样数目，然后对某些像素进行高级采样以提高图像质量；选择该选项后出现 "V-Ray：：自适应确定性蒙特卡洛图像采样器"卷展栏，其中 "最小细分"值控制细分的最小值，"最大细分"值控制细分的最大值，如图 9-29 所示。

"自适应细分"选项：这是一种（在每个像素内使用少于一个采样数的）高级采样器，它是 VRay 中最值得使用的采样器，一般来说，相对于其他采样器，它能够以较少的采样（花费较少的时间）来获得相同的图像质量；选择该选项后出现"V-Ray::自适应细分图像采样器"卷展栏，如图 9-30 所示。

图 9-29   图 9-30

② "抗锯齿过滤器"选项组

"开"复选框决定是否使用抗锯齿过滤器，在其右侧的下拉列表框中有"区域"和"Catmull-Rom"两个选项。

"区域"选项：使用可变大小的区域过滤器来计算抗锯齿，这是 3ds Max 2014 的原始过滤器，一般默认选择该选项。

"Catmull-Rom"选项：具有轻微边缘增强效果的 25 像素重组过滤器，会使图像更清晰、更干净，几乎看不出模糊的效果。

（4）"V-Ray::间接照明 (GI)"卷展栏（位于"间接照明"选项卡中）

下面介绍"V-Ray::间接照明 (GI)"卷展栏中的常用工具，如图 9-31 所示。

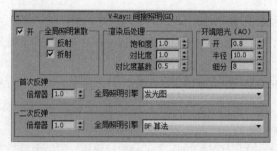

图 9-31

"开"复选框：决定是否打开间接照明。

① "全局照明焦散"选项组

"反射"复选框：允许间接的光照从反射物体被反射。

"折射"复选框：允许间接照明通过透明的物体，默认为勾选。

② "渲染后处理"选项组

"饱和度"文本框：控制颜色混合程度。

"对比度"文本框：控制明暗对比度。

"对比度基数"文本框：该值决定对比度的基础推进，它定义在对比度计算期间全局光照的值保持不变；该值越大全局光效果越暗，值越小全局光效果越亮。

③ "首次反弹"选项组

"倍增器"文本框：该值决定首次漫反射对最终的图像照明起多大作用。

"全局照明引擎"下拉列表框：有 4 种引擎可供选择，包括"发光图""光子图""BF 算法""灯光缓存"。

④ "二次反弹" 选项组

"全局光引擎" 下拉列表框：有 4 种引擎可供选择，包括 "无" "光子图" "BF 算法" "灯光缓存"。

（5）"V-Ray:: 发光图 [无名]" 卷展栏（位于 "间接照明" 选项卡中）

下面介绍 "V-Ray:: 发光图 [无名]" 卷展栏中的常用工具，如图 9-32 所示。

① "内建预置" 选项组

"当前预置" 下拉列表框：从下拉列表框中选择当前预置，包括 "自定义" "非常低" "低" "中" "中 – 动画" "高" "高 – 动画" "非常高" 8 个选项。

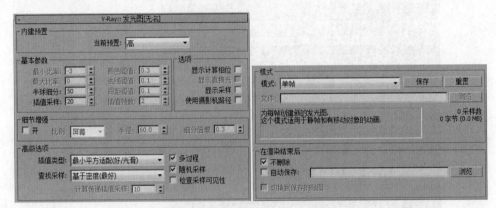

图 9-32

② "基本参数" 选项组

"最小比率" 文本框：该值决定每个像素中的最少全局照明采样数目，通常应当保持该值为负数，这样全局照明计算能够快速计算图像中大的和平坦的面。

 提示

　　如果该值大于或等于 0，那么光照贴图计算将会比直接照明计算慢，并消耗更多的系统内存，该值最好不要超过 –3。

"最大比率" 文本框：该值决定每个像素中的最多全局照明采样数目，该值最好不要超过 1，以免计算机崩溃。

"半球细分" 文本框：该值决定单独的 GI 样本的品质，较小的值可以获得较快的速度，但是也可能会产生黑斑，较大的值可以得到平滑的图像，它类似于直接计算的 "细分" 值。

"插值采样" 文本框：该值决定被用于插值计算的 GI 样本的数量，较大的值会趋向于模糊 GI 的细节，虽然最终的效果很光滑，而较小的值会产生更光滑的细节，但也可能会产生黑斑。

 提示

　　但 "半球细分" 值并不代表被追踪光线的实际数量，光线的实际数量接近于这个值的平方，并受 QMC 采样器相关参数的控制。

"颜色阈值" 文本框：当相邻的全局照明采样点颜色差异值超过该值时，VRay 将进行更多的采样以获取更多的采样点，该值最好在 0.5 以内。

"法线阈值"文本框：当相邻采样点的法线向量夹角余弦值超过该值时，VRay 将会获取更多的采样点，该值最好在 0.5 以内。

"间距阈值"文本框：当相邻采样点的间距值超过该值时，VRay 将会获取更多的采样点；制作动画时该值最好在 0.5 左右，平时最好在 0.1 左右。

③ "选项"选项组

"显示计算相位"复选框：决定是否可以观看计算过程，启用后会增加一点渲染时间，图 9-33 所示为显示渲染时的状态。

图 9-33

④ "模式"选项组

"模式"下拉列表框：该下拉列表框中默认的选项为"单帧"，在这种模式下，VRay 单独计算每一个单独帧的光照贴图，所有预先计算的光照贴图都被删除，该模式会完全重新计算发光贴图并进行渲染，发光贴图计算即光能传递的重新计算；"从文件"模式即每个单独帧的光照贴图都是同一张图，渲染开始时，它从某个选择的文件中载入，任何此前的光照贴图都被删除，从文件中读取发光贴图进行计算光照。

"保存"按钮：保存当前渲染的发光贴图。

"重置"按钮：删除当前渲染的发光贴图。

"文件"文本框：显示文件的链接路径。

"浏览"按钮：浏览发光贴图或重新载入发光贴图。

⑤ "在渲染结束后"选项组

"不删除"复选框：当启用该选项时，VRay 会在完成场景渲染后，将光照贴图保存在内存中。

"自动保存"复选框：可以设定该光照贴图保存路径。

"浏览"按钮：指定发光贴图的文件位置和名称。

"切换到保存的贴图"复选框：启用该选项后，将渲染保存后的发光贴图指定为文件中读取的发光贴图。

（6）"V-Ray∷灯光缓存"卷展栏（位于"间接照明"选项卡中）

灯光缓存是接近场景全局照明的技术，下面介绍常用的几种工具，如图 9-34 所示。

"计算参数"选项组

"细分"文本框：该值决定路径从照相机被追踪多少，值越大效果越细腻，速度越慢。

"采样大小"文本框：距顶灯光贴图中样本的间隔，较小的值意味着样本之间相互距离较近，灯光贴图将保护灯光锐利的细节，不过会导致产生噪点，并且占用较多的内存。

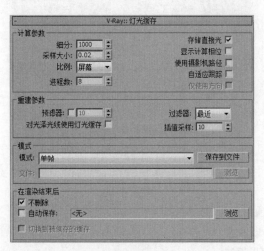

图 9-34

"进程数"文本框：设置渲染灯光缓存的进程数量，灯光缓冲在一些途径中被计算，然后被结合成最后的灯光缓冲。

 提示

　　"V-Ray::灯光缓存"卷展栏中的"模式"选项组和"在渲染结束后"选项组与"V-Ray::发光图 [无名]"卷展栏中的参数相同，可以参考"V-Ray::发光图 [无名]"卷展栏中的介绍，这里就不重复讲述了。

（7）"V-Ray::环境 [无名]"卷展栏（位于"V-Ray"选项卡中）

VRay 的环境参数用于指定全局照明，可以起到重要的辅助照明效果，如图 9-35 所示。

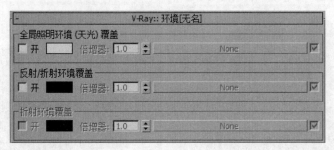

图 9-35

"全局照明环境 (天光) 覆盖"选项组

"开"复选框：决定是否打开全局光覆盖，在后面的色块中可以设置全局光颜色。

"倍增器"文本框：设置背景的亮度。

"None"按钮：指定天光覆盖的贴图。

（8）"V-Ray∷系统"卷展栏（位于"设置"选项卡中，见图9-36）

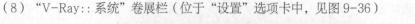

图9-36

"渲染区域分割"选项组：在这里可以控制VRay的渲染块。

"X""Y"文本框：以像素为单位决定最大渲染块的宽度或者水平方向上的区块数量。

2．"V-Ray帧缓冲区"设置

使用3ds Max 2014自带的渲染器对场景进行渲染时，将打开一个渲染帧窗口，可以看到渲染过程，而VRay渲染器也有一个独立的渲染窗口，该窗口就是"V-Ray帧缓冲区"，其作用与3ds Max 2014的渲染帧窗口类似，但功能更强。

在"V-Ray∷帧缓冲区"中勾选"启用内置帧缓冲区"复选框，即可打开"V-Ray帧缓冲区"窗口。

（跟踪鼠标渲染）按钮：在渲染过程中使用鼠标指针轨迹，如图9-37所示。

（复制到Max帧缓冲区）按钮：将当前渲染的图像复制到3ds Max 2014中默认的帧缓冲区，如图9-38所示。

图9-37

图9-38

（清除图像）按钮：清除当前渲染的图像，如图9-39所示。

（保存图像）按钮：将当前渲染的图像进行存储，单击该按钮后弹出存储图像的对话框，从中选择存储路径和类型。

　　⬤（切换到 Alpha 通道）按钮：显示当前渲染图像的 Alpha 通道，如图 9-40 所示。

图 9-39

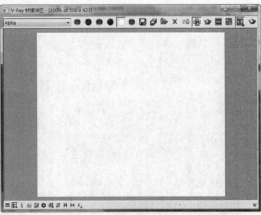
图 9-40

单击窗口底端的 ⌄ 按钮，在下方出来一排新的内容，如图 9-41 所示。

　　▬（应用印记）按钮：单击该按钮，可将一些 V-Ray 渲染器的信息显示在窗口底部。

　　▭（显示校正控制器）按钮：单击该按钮，打开"颜色校正"对话框，如图 9-42 所示。

　　◪（使用颜色曲线校正）按钮：单击该按钮，可调整"颜色校正"后的效果。

图 9-41

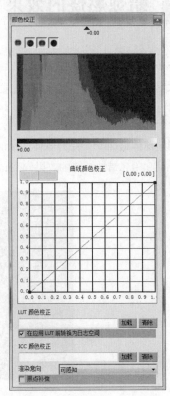
图 9-42

9.1.5 【实战演练】室内渲染

设置较小的参数值渲染草图，设置发光贴图和灯光缓存的贴图，并进行最终渲染。最终效果参看云盘中的"场景 >Cha09>9.1.5 室内渲染 .max"，如图 9-43 所示。

扫码观看
本案例视频

图 9-43

9.2 蜡烛燃烧的效果

9.2.1 【案例分析】

本案例制作蜡烛的燃烧效果，主要使用"火效果"烘托氛围，场景添加火效果后更加接近现实。

9.2.2 【设计思路】

创建球体 Gizmo，并为球体 Gizmo 指定大气效果中的"火效果"。最终效果参看云盘中的"场景 >Cha09>9.2 蜡烛燃烧的效果 ok.max"，如图 9-44 所示。

扫码观看
本案例视频

图 9-44

9.2.3 【操作步骤】

步骤① 在菜单栏中选择"文件 > 打开"命令，打开素材文件（素材文件为云盘中的"场景 >Cha09>9.2 蜡烛燃烧的效果 .max"），渲染打开的场景如图 9-45 所示。

步骤② 打开场景后，单击"**[图标]**（创建）> **[图标]**（辅助对象）> 大气装置 > 球体 Gizmo"按钮，在顶视图中创建球体 Gizmo，在"球体 Gizmo 参数"卷展栏中设置"半径"为 1.8cm，如图 9-46 所示。

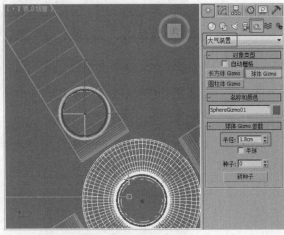

图 9-45   图 9-46

步骤③ 在场景中使用 **[图标]**（选择并均匀缩放）工具调整球体 Gizmo，如图 9-47 所示。

步骤④ 在场景中复制球体 Gizmo 到蜡烛的灯芯位置，如图 9-48 所示。

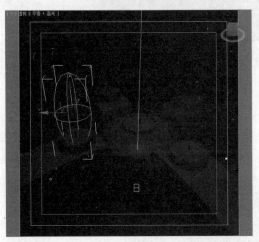

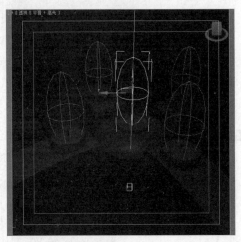

图 9-47   图 9-48

步骤⑤ 按 8 键打开"环境和效果"对话框，在"大气"卷展栏中单击"添加"按钮，在弹出的"添加大气效果"对话框中选择"火效果"，单击"确定"按钮，如图 9-49 所示。

图 9-49

步骤⑥ "环境和效果"对话框中出现"火效果参数"卷展栏,单击"Gizmo"选项组中的"拾取 Gizmo"按钮,然后按 H 键,在弹出的对话框中选择作为火焰的球体 Gizmo,单击"拾取"按钮,如 图 9-50 所示。

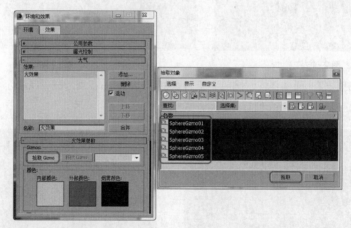

图 9-50

步骤⑦ 在"颜色"选项组中设置"内部颜色"的红、绿、蓝值分别为 253、215、61,"外部颜色"的红、绿、蓝值分别为 221、60、0,"烟雾颜色"的红、绿、蓝值分别为 26、26、26,如图 9-51 所示。

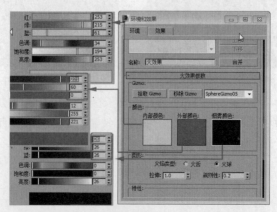

图 9-51

步骤❽ 在"火效果参数"卷展栏中设置"拉伸"为 0.5、"规则性"为 0.8，在"特性"选项组中设置"火焰大小"为 40、"密度"为 500、"火焰细节"为 5、"采样数"为 15，如图 9-52 所示。

图 9-52

步骤❾ 渲染场景可以得到火焰的效果，不同的场景"火效果参数"也不相同，根据场景情况进行设置即可。

9.2.4 【相关工具】

1. 大气装置

可以创建 3 种类型的大气装置，即长方体、圆柱体或球体。这些 Gizmo 限制场景中的雾或火焰的扩散。

单击"（创建）>（辅助对象）"按钮，在下拉列表框中选择"大气装置"选项，在"对象类型"卷展栏中选择相应的大气装置 Gizmo。下面以"球体 Gizmo"为例介绍大气装置。

（1）创建"球体 Gizmo"

步骤❶ 单击"（创建）>（辅助对象）>大气装置>球体 Gizmo"按钮，在场景中拖曳鼠标指针，定义球体 Gizmo 的初始半径，如图 9-53 所示。

步骤❷ 在"球体 Gizmo 参数"卷展栏中调整"半径"值，如图 9-54 所示。

图 9-53

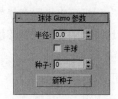

图 9-54

（2）为"球体 Gizmo"添加大气

步骤❶ 在场景中创建 Gizmo 后，切换到（修改）面板。

步骤❷ 在（修改）面板中可以看到"大气和效果"卷展栏，单击"添加"按钮，如图 9-55 所示。

步骤❸ 在弹出的"添加大气"对话框中选择需要添加的大气效果，然后单击"确定"按钮，如图 9-56 所示。

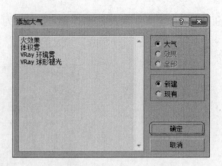

图 9-55   图 9-56

步骤 ④ 添加大气效果后，"大气和效果"卷展栏如图 9-57 所示。

步骤 ⑤ 选择需要设置的大气效果，单击"设置"按钮，打开"环境和效果"对话框，从中设置大气的效果，如图 9-58 所示。

图 9-57   图 9-58

2. "环境和效果"对话框

（1）认识"环境"面板

在菜单栏中选择"渲染 > 环境"命令（或按快捷键 8），打开"环境和效果"对话框，如图 9-59 所示。

使用"环境"面板可以设置背景颜色、背景颜色动画和屏幕背景图像，还可以为场景中的大气装置添加大气插件，如火效果、雾、体积光等。

（2）"公用参数"卷展栏

① "背景"选项组

"颜色"色块：设置场景背景的颜色。

"环境贴图"选项：选项下面的按钮会显示贴图的名称，如果尚未指定名称，则显示"无"。

"使用贴图"复选框：使用贴图作为背景而不是背景颜色。

图 9-59

② "全局照明"选项组

"染色"色块：如果此颜色不是白色，则为场景中的所有灯光（环境光除外）染色。

"级别"文本框：增强场景中的所有灯光。

"环境光"色块：设置环境光的颜色。

（3）"大气"卷展栏（见图 9-60）

"效果"列表框：显示已添加的效果队列。

"名称"文本框：为列表中的效果自定义名称。

"添加"按钮：单击该按钮，显示"添加大气效果"对话框中所有当前添加的大气效果，如图 9-61 所示。

"删除"按钮：选择添加的大气效果，将其从列表中删除。

"上移""下移"按钮：将所选项在列表框中上移或下移，更改大气效果的应用顺序。

"合并"按钮：合并其他 3ds Max 2014 场景文件中的效果。

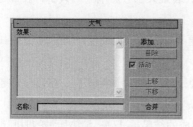

图 9-60

图 9-61

3．火效果

（1）认识"火效果"

可以向场景中添加任意数目的"火效果"。效果的顺序很重要，因为列表框底部的效果其层次置于列表框顶部的效果前面。

每个效果都有自己的参数。在"效果"列表框中选择"火效果"时，其参数将显示在"火效果"卷展栏中，如图 9-62 所示。

必须为火效果指定大气装置才能渲染出火效果。

（2）"火效果参数"卷展栏

① "Gizmo"选项组

"拾取 Gizmo"按钮：单击此按钮进入拾取模式，然后单击场景中的大气装置即可将其拾取。

"移除 Gizmo"按钮：移除列表框中所选的 Gizmo。

② "颜色"选项组

"内部颜色"色块：设置效果中最密集部分的颜色，对于典型的火焰，此颜色代表火焰中最热的部分。

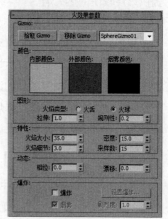

图 9-62

"外部颜色"色块：设置效果中最稀薄部分的颜色，对于典型的火焰，此颜色代表火焰中较冷的部分。

"烟雾颜色"色块：设置用于"爆炸"选项的烟雾颜色。

③ "图形"选项组

"火舌"单选按钮：沿着中心使用纹理创建带方向的火焰，火焰方向沿着火焰装置的局部 z 轴，"火舌"创建类似篝火的火焰。

"火球"单选按钮：创建圆形的爆炸火焰，很适合制作爆炸效果。

"拉伸"文本框：将火焰沿着装置的 z 轴缩放，可以拉伸火舌和火焰，也可以使用拉伸将火球设置为椭圆形状；如果该值小于 1，将压缩火焰，使火焰更短、更粗；如果其值大于 1，将拉伸火焰，使火焰更长、更细。

"规则性"文本框：修改火焰填充装置的方式，范围为 1 ~ 0；如果值为 1，则填满装置，效果在装置边缘附近衰减，但是总体形状仍然非常明显；如果值为 0，则生成很不规则的效果，有时可能会到达装置的边界，但是通常会被修剪成合适大小。

④ "特性"选项组

使用"特性"选项组可以设置火焰的大小和外观。

"火焰大小"文本框：设置装置中各个火焰的大小，装置大小会影响火焰大小，装置越大，需要的火焰也越大。

"火焰细节"文本框：控制每个火焰中显示的颜色更改量和边缘尖锐度，范围为 0 ~ 10。较小的值可以生成平滑、模糊的火焰，渲染速度较快。

"密度"文本框：设置火焰效果的不透明度和亮度，装置大小会影响密度，密度参数越大，火焰效果越不透明，密度越小，火焰效果越透明且更亮。

"采样数"文本框：设置效果的采样率，值越大，生成的结果越准确，渲染所需的时间也越长。

"动态"组

相位：控制更改火焰效果的速率。

漂移：设置火焰沿着火焰装置的 z 轴的渲染方式。较低的值提供燃烧较慢的冷火焰。较高的值提供燃烧较快的热火焰。

"爆炸"组

爆炸：根据相位值动画自动设置大小、密度和颜色的动画。

烟雾：控制爆炸是否产生烟雾。

剧烈度：改变相位参数的涡流效果。

设置爆炸：显示"设置爆炸相位曲线"对话框。输入开始时间和结束时间，然后单击"确定"。相位值自动为典型的爆炸效果设置动画。

9.2.5 【实战演练】燃烧的壁炉篝火

首先创建球体 Gizmo，并为 Gizmo 添加"火效果"。最终效果参看云盘中的"Cha09> 效果 >
燃烧的壁炉篝火 ok.max"，如图 9-63 所示。

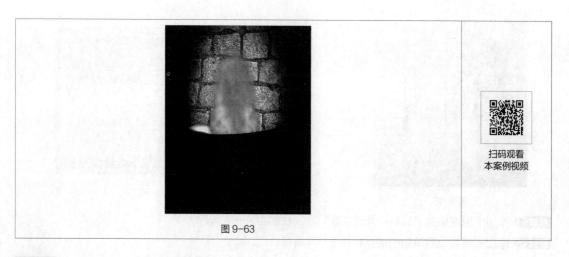

扫码观看
本案例视频

图 9-63

9.3   VRay 卡通效果

9.3.1   【案例分析】

本案例需要制作一张卡通效果的场景图，在效果图的制作中经常需要制作卡通效果，目的是吸引人的注意。

9.3.2   【设计思路】

本案例介绍卡通效果图的制作方法，为场景指定 VRay 卡通效果。最终效果参看云盘中的"场景 >Cha09>9.3VRay 卡通 ok.max"，如图 9-64 所示。

扫码观看
本案例视频

图 9-64

9.3.3   【操作步骤】

步骤① 在菜单栏中选择"文件 > 打开"命令，打开素材文件（素材文件为云盘中的"场景 >Cha09>9.3VRay 卡通 .max"）。

步骤② 素材文件的效果如图 9-65 所示。

步骤③ 在场景中按 8 键，在弹出的"环境和效果"对话框中单击"大气"卷展栏中的"添加"按钮，在弹出的对话框中选择"VRay 卡通"选项，单击"确定"按钮，如图 9-66 所示。

图 9-65

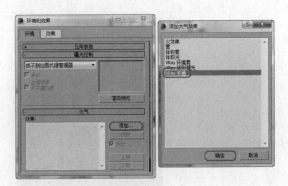
图 9-66

步骤④ 添加卡通效果的"VRay 卡通参数"卷展栏如图 9-67 所示。

步骤⑤ 添加卡通效果后渲染的场景如图 9-68 所示。

图 9-67

图 9-68

9.3.4 【相关工具】

VRay 卡通

"VRay 卡通"效果是以大气效果的形式存在的。在"环境和效果"对话框中单击"大气"卷展栏中的"添加"按钮，在弹出的"添加大气效果"对话框中选择"VRay 卡通"选项，如图 9-69 所示，选择"VRay 卡通"选项后，"VRay 卡通参数"卷展栏如图 9-70 所示。

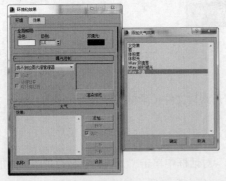
图 9-69

图 9-70

（1）"基本参数"选项组

"线条颜色"色块：设置卡通边缘颜色，图 9-71（a）所示为黑色边缘颜色，图 9-71（b）所示为橘红色边缘颜色。

（a）　　　　　　　　　　　　　　（b）

图 9-71

"像素"单选按钮：基于像素设置卡通边缘的大小，图 9-72（a）所示为 1.5 像素的效果，图 9-72（b）所示为 3 像素的效果。

（a）　　　　　　　　　　　　　　（b）

图 9-72

"世界"单选按钮：基于世界设置卡通边缘的大小，默认为不选中该项。

"不透明度"文本框：设置卡通边缘的不透明度，该值范围为 0 ~ 1；当值为 1 时表示卡通边缘不透明，当值为 0 时表示卡通边缘完全透明；图 9-73（a）所示为透明度为 0.2 的效果，图 9-73（b）所示为透明度为 1 的效果。

"法线阈值"文本框：可以控制边缘线条的平滑程度，值越大越平滑。

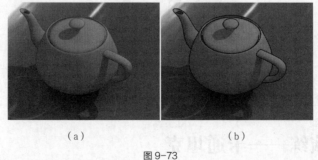

（a）　　　　　　　　　　　　　　（b）

图 9-73

提示

切勿将"法线阈值"设置为 1，当该值为 1 时，物体表面也将被线颜色覆盖，一般选择中间值即可。

"重叠阈值"文本框：控制物体本身交叉面的平滑程度。

"反射 / 折射"复选框：设置物体有反射 / 折射面时的卡通特效，当禁用该选项时，说明反射 / 折射的面没有卡通效果；图 9-74（a）所示为禁用该选项的效果，图 9-74（b）所示为启用该选项的效果。

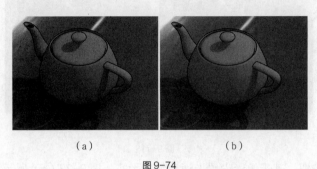

（a）　　　　　　　　　　　　　　（b）

图 9-74

 如果勾选"反射 / 折射"复选框，需将"线条颜色"和"环境颜色"进行区分设置，否则看不出效果。

"轨迹偏移"文本框：设置反射 / 折射后光线跟踪的偏移值。

（2）"贴图"选项组

为贴图设置"颜色""宽度""失真""不透明度"。

（3）"包括 / 排除对象"选项组

指定卡通材质包含或排除的对象。

9.3.5 【实战演练】卡通房子

为场景指定 VRay 卡通效果。最终效果参看云盘中的"场景 >Cha09>9.3.5 卡通房子 ok.max"，如图 9-75 所示。

扫码观看
本案例视频

图 9-75

9.4 综合演练——卡通坦克

9.4.1 【案例分析】

本案例需要为坦克模型设置一个卡通效果，整体颜色使用绿色，绿色的模型通过设置得到卡通效果。

9.4.2 【设计思路】

本案例设置一个卡通的坦克效果图,为坦克指定简单的绿色材质,并为场景设置了"VRay 卡通"大气效果。

9.4.3 【知识要点】

在场景的大气中添加的"VRay 卡通"效果,完成卡通坦克效果的设置。最终效果参看云盘中的"场景 >Cha09>9.4 卡通坦克 ok.max",如图 9-76 所示。

扫码观看
本案例视频

图 9-76

9.5 综合演练——客厅日光渲染

9.5.1 【案例分析】

本案例的最终目的是渲染出图,制作出成品,便于观察和携带。

9.5.2 【设计思路】

场景不同,其渲染输出的参数也不同,本案例为比较宽敞、明亮的室内空间,所以在渲染时,应将清晰度设置得较高,这样才能表现出空间的明亮和通透。

9.5.3 【知识要点】

降低"细分"值,测试场景中的灯光模型及摄影机的效果,通过后提高该值,完成最终渲染。最终效果参看云盘中的"场景 >Cha09>9.5 客厅日光效果 ok.max",如图 9-77 所示。

扫码观看
本案例视频

图 9-77

10 第 10 章
综合设计实训

本章根据室内设计项目真实情境来训练读者利用所学知识完成室内设计项目。通过多个室内设计项目案例的演练，学生能进一步牢固掌握 3ds Max 2014 的强大功能和使用技巧，并应用所学技能制作出专业的室内设计作品。

课堂学习目标

- ✔ 鱼缸设计
- ✔ 原木凳设计
- ✔ 地砖效果
- ✔ 书房设计

知识目标

- ✳ 掌握软件的使用方法
- ✳ 了解 3ds Max 的常见设计领域

能力目标

- ⊙ 掌握 3ds Max 在不同设计领域的设计思路和过程
- ⊙ 掌握 3ds Max 在不同设计领域的制作方法和技巧

素养目标

- ✦ 培养对室内项目的设计创意能力
- ✦ 培养对室内项目的审美与鉴赏能力

实训目标

- ✦ 打造鱼缸效果
- ✦ 原木凳
- ✦ 地砖效果
- ✦ 书房设计

10.1 装饰品效果图——打造鱼缸效果

10.1.1 【项目背景及要求】

1. 客户需求

本案例练习装饰素材的制作，案例要求打造一款白色陶瓷的仿古鱼缸。

2. 设计要求

● 整体设计要结合实际来制作。

● 设计风格为仿古风格。

● 可为陶瓷设置一种传统风格的花纹。

● 必须是彩色原稿，能以不同的比例和尺寸清晰显示。

10.1.2 【项目创意及制作】

1. 设计素材

贴图素材所在位置：云盘中的"贴图"。

2. 设计作品

设计作品所在位置：云盘中的"场景 > Cha10 > 鱼缸 .max"，如图 10-1 所示。

扫码观看
本案例视频

图 10-1

3. 步骤提示

（1）创建模型

步骤① 在场景中创建圆柱体，为其施加"编辑多边形"修改器，并将顶部的多边形删除。

步骤② 为其施加"壳"修改器，设置模型的厚度。

步骤③ 通过"编辑多边形"修改器制作出鱼缸口的切角，设置出平滑效果。

步骤④ 通过施加"锥化"（Taper）和"FFD4×4×4"修改器，调整模型的球形化效果。

步骤⑤ 在制作过程中可以不断地使用"编辑多边形"和"涡轮平滑"修改器来调整模型的形状和平滑效果，如图 10-2 所示。

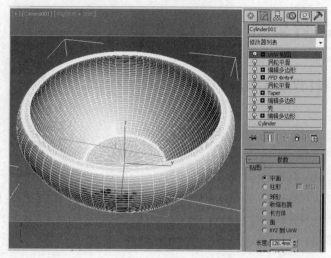

图 10-2

（2）设置材质和场景

步骤 ① 将场景中的模型材质设置为陶瓷，主要使用反射效果。

步骤 ② 创建并调整水模型，水材质的制作主要通过设置较强的反射和白色的折射来模拟水的效果。

步骤 ③ 将模型合并到一个室内的场景中，并导入鱼素材和花作为装饰，如图 10-3 所示。

（3）测试渲染

测试渲染场景的操作可以参考前面章节中的介绍。

图 10-3

（4）调整视口和灯光

步骤 ① 为场景创建主光源和辅助光源，照亮场景即可。

步骤 ② 调整合适的透视角度，按快捷键 Ctrl+C，创建摄影机，如图 10-4 所示。

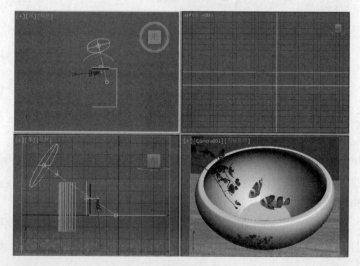

图 10-4

（5）最终渲染

最终渲染设置可以参考前面章节中的介绍。

最终场景参考：场景 >Cha10> 鱼缸 .max。

家具效果图——原木凳

10.2.1 【项目背景及要求】

1. 客户需求

本实例为原木凳设计，在不破坏原木的形状的同时简单地装饰一下即可。

2. 设计要求

● 整体设计要求简约。

● 设计要求保留原木外形。

● 可以混搭。

● 必须是彩色原稿，能以不同的比例和尺寸清晰显示。

10.2.2 【项目创意及制作】

1. 设计素材

贴图素材所在位置：云盘中的"贴图"。

2. 设计作品

设计作品所在位置：云盘中的"场景 >Cha10> 原木凳 .max"，如图 10-5 所示。

扫码观看
本案例视频

图 10-5

3. 步骤提示

（1）创建模型

步骤❶ 用提供的原木贴图创建一个不规则的图形。

步骤❷ 为其施加"基础"修改器，设置模型的厚度，如图 10-6 所示。

步骤❸ 创建可渲染的矩形，并对其进行复制，制作出凳子的支架，如图 10-7 所示。

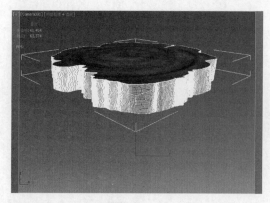

图 10-6　　　　　　　　　　　　　　　　　　图 10-7

（2）设置材质和场景

步骤① 为场景中的凳子面设置原木贴图。

步骤② 将支架设置为黑色的金属材质。

（3）测试渲染

测试渲染场景的操作可以参考前面章节中的介绍。

（4）调整视口和灯光

步骤① 为场景创建地面和背景，并创建灯光，调整合适的参数。

步骤② 调整合适的透视角度，按快捷键 Ctrl+C，创建摄影机，如图 10-8 所示。

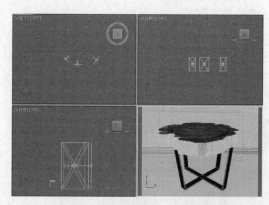

图 10-8

（5）最终渲染

最终渲染设置可以参考前面章节中的介绍。

最终场景参考：场景 >Cha10> 原木凳 .max。

10.3　建材效果图——地砖效果

10.3.1　【项目背景及要求】

1. 客户需求

本实例制作一款地砖效果图，根据客户提供的地砖贴图渲染一张与其相符的效果图。

2．设计要求

● 整体设计要求简约、时尚。

● 设计风格要求通透、明亮。

● 可以混搭。

● 必须是彩色原稿，能以不同的比例和尺寸清晰显示。

10.3.2 【项目创意及制作】

1．设计素材

贴图素材所在位置：云盘中的"贴图"。

2．设计作品

设计作品所在位置：云盘中的"场景 >Cha10> 地砖 .max"，如图 10-9 所示。

扫码观看
本案例视频

图 10-9

3．步骤提示

（1）选择场景

要设置地砖效果，应选择一个比较合适的场景来搭配，如图 10-10 所示。

图 10-10

（2）视口角度

由于本实例主要表现地砖效果，所以需要将地面部分展示得多一些。

（3）材质的设置

根据提供的贴图进行材质的设置，本案例是一款灰砖贴图，可以适当地调整材质的反射效果。

（4）测试渲染

调整好场景和材质后进行测试渲染，其操作可以参考前面章节中的介绍。

（5）调整视口和灯光

为场景创建较明亮的灯光，可以参考最终场景中的灯光参数。

（6）最终渲染

最终渲染设置可以参考前面章节中的介绍。

最终场景参考：场景 >Cha10> 平铺地砖 .max。

10.4　室内效果图——书房设计

10.4.1　【项目背景及要求】

1. 客户需求

本实例为书房设计，设计书房需要有宁静、沉稳的感觉。书房是家庭生活的一部分，可以在相对传统的书房中添加一些沉稳的个性家具，使书房看起来更加雅静。

2. 设计要求

- 设计要求突出沉稳和雅静的感觉。
- 表现要求简约、大气。
- 设计风格以欧式为主，也可混搭。
- 必须是彩色原稿，能以不同的比例和尺寸清晰显示。

10.4.2　【项目创意及制作】

1. 设计素材

贴图素材所在位置：云盘中的"贴图"。

2. 设计作品

设计作品所在位置：云盘中的"场景 >Cha10> 书房 .max"，如图 10-11 所示。

扫码观看
本案例视频

图 10-11

3. 步骤提示

（1）创建模型

步骤 ❶ 导入图纸，图纸文件为云盘中的"场景 > Cha10 > 书房图纸 .DWG"。

步骤 ❷ 根据图纸，绘制墙体图形，并为其施加"挤出"修改器，设置合适的挤出和分段。

步骤 ❸ 为模型施加"编辑多边形"修改器，调整顶点，绘制出窗洞和门洞。

步骤 ❹ 使用"编辑多边形"的"挤出"修改器设置窗洞和门洞的多边形，并将挤出的多边形删除。

步骤 ❺ 创建大小合适的矩形作为窗框，为矩形施加"编辑样条线"修改器，设置样条线的"轮廓"，并为其施加"挤出"修改器，设置合适的参数，如图 10-12 所示。

步骤 ❻ 创建图形，并施加"挤出"修改器，设置合适的挤出数量制作顶。

步骤 ❼ 创建矩形，设置矩形的"编辑样条线" > "轮廓"，并为其施加"挤出"修改器，作为空调口边框。

步骤 ❽ 创建合适的长方体，作为空调扇叶和空调口隔断，如图 10-13 所示。

步骤 ❾ 在墙体的一侧创建矩形，并在矩形中创建圆角矩形，为其中一个矩形施加"编辑样条线"修改器，将两个图形附加在一起。

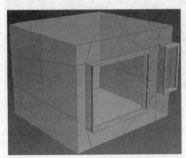
图 10-12

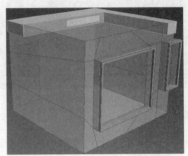
图 10-13

步骤 ❿ 复制圆角矩形的样条线，并修剪图形，设置顶点的"焊接"，并为图形施加"挤出"修改器，挤出书柜边框模型。

步骤 ⓫ 为挤出的模型施加"编辑多边形"修改器，设置边的"切角"，使其边缘变得圆滑。使用同样的方法创建墙体另一侧的书架，如图 10-14 所示。

步骤 ⓬ 在书架的圆角矩形底端创建长方体，设置合适的分段制作书架的柜子。

步骤 ⓭ 为创建的长方体施加"编辑多边形"修改器，调整顶点的位置，调整出柜子门的形态。

步骤 ⓮ 对调整顶点后的多边形设置"挤出"和"倒角"，完成柜子的模型的效果，创建长方体作为书柜隔断，如图 10-15 所示。

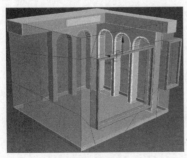
图 10-14

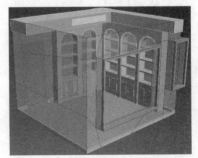
图 10-15

（2）设置材质

步骤① 选择创建的墙体框架，设置材质 ID。

步骤② 为墙体框架设置多维 / 子对象材质，为地面设置木纹材质，为墙体设置贴纸材质，为顶面设置白色乳胶漆材质。

步骤③ 为书柜设置木纹材质。

步骤④ 为顶面和空调隔断设置白色乳胶漆材质。

（3）合并场景

将家具场景素材合并到场景中，如图 10-16 所示。

图 10-16

（4）测试渲染

测试渲染场景的操作可以参考前面章节中的介绍。

（5）创建灯光

步骤① 在顶视图中创建 VR 太阳，并在其他视图中调整灯光的位置和角度，设置"强度倍增"为 0.05。

步骤② 为环境背景指定"VR_天空"贴图，并将指定的贴图拖曳到材质样本球上，设置合适的参数。

步骤③ 在窗户的位置创建 VR 灯光中的平面灯光，设置"倍增器"为 6，设置灯光的颜色为浅蓝色，在"选项"选项组中勾选"不可见"复选框。

（6）最终渲染

最终渲染设置可以参考前面章节中的介绍。

最终场景参考：场景 >Cha10> 书房 .max。